少有人走的路

⑤ 不一样的鼓声

[修订本]

[美] M. 斯科特·派克/著 (M. Scott Peck)

胡晓晔 [美]安德伦 (Andrew Shipitalo)/译

THE DIFFERENT
DRUM

北京联合出版公司
Beijing United Publishing Co.,Ltd.

图书在版编目（CIP）数据

少有人走的路. 5, 不一样的鼓声 / (美) M.斯科特·派克著；胡晓晔, 安德伦译. -- 修订本.
-- 北京 : 北京联合出版公司, 2019.4（2021.2重印）
ISBN 978-7-5596-2985-2

Ⅰ. ①少… Ⅱ. ①M… ②胡… ③安… Ⅲ. ①人生哲学－通俗读物 Ⅳ. ①B821-49

中国版本图书馆CIP数据核字(2019)第045549号

北京市版权局著作权登记号：图字01-2019-1534号

少有人走的路5: 不一样的鼓声（修订本）
The Different Drum

著　　者：[美]M.斯科特·派克
译　　者：胡晓晔　[美]安德伦
责任编辑：崔保华
封面设计：SPEED Studio 何嘉莹
装帧设计：季　群　涂依一

北京联合出版公司出版
（北京市西城区德外大街83号楼9层　100088）
北京联合天畅文化传播公司发行
北京中科印刷有限公司印刷　新华书店经销
字数180千字　640毫米×960毫米　1/16　16.25印张
2019年4月第1版　2021年2月第6次印刷
ISBN 978-7-5596-2985-2
定价：38.00元

治疗"乌合之众"的一剂良药

大约 6 岁时，一天下午，我站在垃圾堆旁看别人杀鸡，突然闪出一个念头："总有一天我也会像这只鸡一样死亡！"

意识到自己会死之后，我害怕得要命，思维一下子被粘在了这件事情上。

我想："我死之后，我的一切都没有了，我再也见不到爸爸，见不到姐姐，见不到其他小朋友了。"在无边无际的空虚和孤独中，我感受到了彻骨的恐惧和无助，心一阵抽搐，针扎般刺痛……之后，仿佛魂魄被吸走，一个人无力地瘫坐在地上。

直到傍晚，爸爸才在垃圾堆旁找到我，并用他温暖的双臂将我抱回家。

现在想来，死亡给我的感受，是一种灰飞烟灭般的终极虚无，而我害怕死亡，其实是害怕关系的消失，因为我死之后，我就从这个世界消失了，没有了亲人，没有了朋友，没有了喜欢我的人，也没有了讨厌我的人，我将化为乌有。

　　换言之，死亡，意味着我不存在了，我失去了与自己、与别人、与这个世界的一切联系。面对这终极的孤独和虚无，有谁不恐惧和战栗呢！

　　人活着就是在建立关系，恋爱关系、夫妻关系、家庭关系、亲戚朋友关系、同学同事关系、上下级关系……每个人的生命都需要关系来照亮，没有关系，人将陷入孤独、黑暗和虚无之中。而一旦你在某方面的关系坍塌了，说明你的那方面生命已经在空洞中死亡了。人生的饱满其实是关系的饱满，深入的关系能给人带来坚实的存在感，而肤浅的关系，在表面的热闹中，总给人一种空虚感。但是，随着将关系推向深入，我们或许会感受到"他人即地狱"这句话的深刻含义。作家史铁生说："人与人的交往多半肤浅。或者说，只有在比较肤浅的层面上，交往是容易的。一旦走进深处，人与人就是相互的迷宫。这大概又是人的根本处境。"

　　深入人与人的关系，我们感受到的，往往并不总是温暖与幸福、快乐与喜悦，还伴随着分歧与冲突、利用与被利用。在人性的深处，每个人都是自以为是的、固执的，都会按照自己的想法改变别人。在看似彬彬有礼的背后，深层的冲突和碰撞异常激烈，令人感到烦恼、厌恶和窒息，也让人真切感受到，社会犹如一口大锅，恣意将里面的所有东西都熬成模模糊糊的粥，让每个人都失去个性、独特性和完整性。

　　水最容易消失在水中，人最容易消失在人群中。在深层关系中迷失，让我们变得极其平庸，极其愚蠢，沦为一群乌合之众。古斯塔夫·勒庞说，一个人在融入群体的过程中，大脑活动逐渐消失，脊髓活动却十分活跃。这会让他产生从众心理，失去独立思考的能力，容易接受暗示和催眠，被人利用。或者见风使舵，昨天还赞不绝口的事情，今天便有可能破口大骂。更可怕的是，这样的群体还具有严重的传染性，轻而易举就能把一个正常人变得面目全非，甚至成为暴徒。

不与别人建立关系，生命将失去意义，坠入虚无，而融入群体，又将失去自己，随俗沉浮。有很长一段时间，我认为只有两条路摆在面前：要么庸俗，要么孤独。而斯科特·派克这本《不一样的鼓声》，却为我们指出了另一条路：在关系的深处，我们其实不必磨灭自我，变成一锅粥，每个人都可以像沙拉一样保持各自完整的成分和丰富的口感，彼此都将对方视为珍贵的生命体，让关系充盈着真实、真诚、同情和善意。斯科特把人与人之间的这种关系称为"真诚关系"。

乌合之众最显著的特点之一，就是压抑个性，缺乏真诚，用集体幻觉让个体失去理智，变得狂热，相信谎言，同流合污。与之相反，真诚关系接纳个体差异，不强迫别人，不伪装自己，尊重每个人的个性、想法、欲望和情感。

梭罗说："如果一个人与同伴的步伐不一致，那是因为他听见了不一样的鼓声，让他跟随他听到的音乐前行吧，不管节奏是迟缓还是激越。"

当人们按照自己的鼓点前行，并相互接纳，相互欣赏时，便建立起了真诚关系。在这样的关系中，我们既不孤独，也不庸俗，反而能慢慢将生命展开，变得更真实，更完整。

真实与完整是相辅相成的。

真实造就完整，完整确保真实。

不真实，必然导致不完整。我认识一位女性，名牌大学毕业，人很漂亮，工作也不错，但奇怪的是，她自身条件这么好，却30岁了还没谈过一次恋爱，生命缺失了一角，而且一涉及这个话题就如临大敌。这位女性从小就被妈妈严加管教，不敢表达真实的想法，而青春期的一次遭遇，更是给了她沉重的打击。因为暗恋男生的事被妈妈发现了，妈妈勃然大怒："小小年纪就想着勾引人，不要脸！"妈妈的话犹如一把尖锐的錾子，在她的心里凿了一个"洞"，她真实的需求从这个"洞"中不断流走，导致她后来即使到了可以谈恋爱的年纪，也觉得爱慕异性是件羞耻的事。有同事曾经追求过她，她其实也对对方心存好感，但为了掩饰真实的情感，她故意表现得十分冷漠，最终错失了这段姻缘。

青春萌动是人性的自然，如果妈妈与女儿的关系是真诚的，那么她就会接纳女儿这一点，并给予引导。相反，在不真诚的关系中，当女儿正常的心理需求被压制、打击和强行屏蔽后，她无法面对真实的自己，内心有了"洞"，完整性也就遭到破坏，以至于在生活中无法拥有健全的人际能力，成了"恋爱无能"。

心理学家荣格说，人成长的最终目标，就是成为自己。他将这个过程称为"个体化"。人如果充分地实现了"个体化"，成为他自己，那么他一定是真实的、独特的，同时也是完整的。

6岁时，我曾对死亡产生过巨大的恐惧，但当时我并不知道这恐惧背后的原因，而现在，我意识到，肉体的死亡固然可怕，但我更怕精神上的虚无。我要做，并能做的，就是投入地生活，在与身边人的真诚关系中，踏踏实实感受生命的存在。

　　愿我们每个人，都能尊重不能容忍的事物，接纳彼此的不同，以及各自内心的脆弱、无助和缺陷。愿我们都能在真诚关系中做自己，而不做别人，因为别人都有人做了。愿我们永远不要忘记这一点：凝听不一样的鼓声，是治疗"乌合之众"的良药。

涂道坤

| 序言

    这是一个故事，又或许是个神话。与其他神话故事一样，它流传甚广、版本众多，而我要讲述的这个版本，源头已无从考证。我不记得何时何地听说过或读到过它，甚至不确定是否篡改了其中的片段。唯一能确定的是，故事的名字叫《拉比的礼物》。

    故事是关于一个没落的修道院的。它曾拥有辉煌的过去，但随着信仰的消失，如今只剩下残垣断壁，神父和仅存的四名修道士均已年逾七十，共同生活在腐朽破败的主建筑里。显而易见，这是一个正逐渐走向衰亡的群体。

    环绕修道院的密林深处有一间小屋，一位来自附近城镇的拉比（犹太教的精神领袖）时常隐居于此。通过经年累月的修行，这些年迈的修道士们渐渐有了些神奇的能力，每当拉比隐居在他的小屋里时，修道士们总能有所感知。"拉比在林子里，拉比又在林子里了。"他们相互窃窃私语。岁月流逝，眼看自己所带领的团体行将消亡，神父的内心备受煎熬。终于有一天，他决心造访拉比的小屋，向他请教重振修道院的秘诀。

    拉比对神父的到访表示欢迎，但当神父解释了自己此行的目的后，拉比只是同情地说道："我明白。"他感叹道："人们失去了信仰，我所在的城镇情形也大抵如此，几乎没有人再去会堂了。"两位年迈的老人潸然泪下。之后他们共同研读了《托拉》的部分章节，并讨论了一些深刻的话题。当神父即将离开之时他们拥抱了彼此。"这么多年我们终于见面了，这真是一件伟大的事，"神父说，"但我并没能达成此行的目的。你真的没有任何忠告能给予我吗？哪怕只言片语，告诉我如何才能挽救我日渐衰落的团体。"

"没有，我很抱歉。我没有什么忠告可以给你，我唯一可以告诉你的是：上帝选中的人弥赛亚，就在你们中间。"拉比回答。

当神父回到修道院中，修道士们围上来询问他："那个拉比怎么说？"

"他没帮上什么忙，我们只是一同流泪，一起阅读《托拉》。然而就在我要离开的时候，他明确告诉我——这事说来有些蹊跷——他说弥赛亚就在我们中间。我不明白这意味着什么。"神父回答。

日复一日，年复一年，这些年迈的修道士们反复揣摩着这句话，希望参透字里行间的隐喻。弥赛亚就在我们中间？他的意思是在这间修道院里的修道士中间？如果真是这样的话，会是谁呢？是神父吗？没错，如果他指的是我们中的任何一个，那一定是神父，他是我们的一代领袖。等等，或许指的是托马斯？他是一个如此圣洁的人，谁都知道他光明磊落。一定不是艾尔利德，他脾气太古怪，不过仔细想想，尽管他总是跟别人对着干，事后回顾起来，他往往是对的。没错，他一贯正确。也许拉比指的就是艾尔利德吧。反正肯定不是菲利普，菲利普太被动了，完全就是个隐形人，但神奇的是他似乎有种天赋，不知何故，当你需要他的时候他总会适时地出现。也许菲利普就是弥赛亚。拉比说的一定不是我。完全不可能，我只是个再平凡不过的人罢了。但会不会拉比真的这么认为，我就是弥赛亚？哦，天呀，这不可能。我对人们而言没有那么重要。难道，我真的有那么重要吗？

在这一想法的驱动下，尽管弥赛亚就在他们中间的可能性很小，但这些年迈的修道士们相互间开始变得极为尊敬；尽管弥赛亚就是他自己的可能性更是微乎其微，但他们仍然开始倍加尊重自己。

由于修道院坐落在一片美丽的森林里，人们偶尔仍会来这里的小草坪上野餐，或者在其间的小径上徜徉，有时甚至走进残破不堪的礼拜堂内冥想。每当他们这样做的时候，会在不知不觉间被萦绕在这五位老修道士身边庄严肃穆的气息所感染，这气息似乎从他们身上自然而然地散发出来，弥漫在这里的每一个角落中。这气息中有种神奇的吸引力，如此打动人心。不知为何，人们开始更频繁地回到修道院野餐、嬉戏和祷告。他们开始带着自己的朋友前来，向他们介绍这个神奇的地方，这些朋友又带来了更多新的朋友。

一些拜访修道院的年轻人开始和老修道士们攀谈起来，不久之后，其中的一个人询问是否可以加入他们，接着又是一个，络绎不绝。

几年之后，修道院重新恢复了往昔的繁荣。

《拉比的礼物》是我非常喜欢的一个故事，其中的寓意一目了然。我们都是不完美的，有着这样那样的缺陷，就像那些修道士——艾尔利德脾气古怪，总喜欢跟别人对着干，菲利普性格孤僻，不合群，但同时我们又都是被上天选中的人，否则不会来到这个世界，所以，每个人都具有神性。只不过，我们的神性被重重黑暗所包围，需要借助人与人的关系照亮。当人们建立起真诚关系，当"我"发自内心地接纳"你"、尊重"你"，而"你"也发自内心地接纳"我"、尊重"我"时，人身上的神性才能穿透黑暗，焕发光芒。

接纳，意味着认同别人身上不同的东西；尊重，意味着将彼此放在一个平等的位置，不狂妄自大地试图改变对方。所以，这个故事还有一层寓意：精神信仰的丧失并不是人们不需要它们，恰恰是因为它们本身失去了真诚，充斥了太多的强迫、自大和虚伪。

今天，傲慢的我们，不管不顾，肆意按照自己的想法去改变他人，但内心深处却失去了与自己、与他人的真诚关系。我们本想让亲戚朋友变好，但我们的行为却将他们推入了地狱。而且，我们自身在一切失控之后，也会感到孤独、惶恐和焦虑，心灵逐渐变得空虚、苍白和无力。人需要改变，但这个改变的过程并不是强迫性的，而是在尊重彼此差异的基础上建立起真诚关系，当这种关系建立起来之后，改变会自然而然发生。

从古至今，我们从来没有像现在这样需要彼此，我需要你，正如你需要我，我们需要真诚的沟通，需要尊重彼此的差异，凝听不一样的鼓声前行。

多年来，作为一名心理医生，我知道心理治疗本质上是接纳对方，并在医生和患者之间建立起一种真诚的关系，而真诚关系本身就具有强大的治愈力。

　　一个不被接纳，缺乏真诚关系的人，无疑会生活在排斥、怀疑、孤独、羞愧、紧张、焦虑、抑郁和恐惧之中，而深刻的接纳，真情的倾诉，以及友善的沟通，对于我们来说，则具有至关重要的意义。

　　在这个世界上，有太多人以爱的名义改变着自己身边的人，包括孩子，妻子，或丈夫，但爱的前提条件是接纳，即接纳对方的不同，欣赏对方的独特性。人类是多样化的，强行改变他人，不是爱，而是被谎言包裹着的一种奴役方式。

　　一个靠这种奴役方式和谎言维持的家庭和社会，必然病入膏肓。

　　而在真诚的关系中，一切都将被治愈。

斯科特·派克

于康涅狄格州

新普雷斯顿市

目 录
CONTENTS

| 第十章   不一样的鼓声

真诚的关系

第一章

将内心呈现出来，它将拯救你；
如若不然，它将摧毁你。

The Different Drum

现在，我们如此孤独，如此焦虑，如此抑郁，很大一个原因是长期以来缺乏真诚的沟通，没有相互接纳和认同。很多时候，人与人之间的关系纯粹是一种利用和被利用的关系，我们与别人相处就像是使用一把椅子或者铁锹，不会把对方视为一个完整而独立的人，不会考虑对方的感受，不会尊重对方的意愿，不欣赏对方的独特性。我们是自以为是的、唯我独尊的、十分霸道和强悍的，而对方则是被压抑、被强迫、被改变、被塑造的。

事实上，在我们的周围，大多数的关系皆是如此。比如，在夫妻关系中，彼此都想改变对方，竭力把对方塑造成自己希望的样子。又比如，在父母与孩子的关系中，父母常对孩子说："你必须按照我说的去做，才能得到爱。"或者："如果你违背我的意愿，就将受到惩罚。"在这些关系中，人们不可避免会感受到压抑、孤独和痛苦，失去独特性和完整性。

与之不同，在真诚的关系中，人们彼此之间都将对方视为尊贵的生命体，相互接纳、相互欣赏，关系中充盈着尊重、理解、同情和善意。在这种多元化的连接中，每个人都是不同的，各自都有鲜明的个性和特点，人们努力呈现独一无二的自己，因此不再压抑、孤独、焦虑和抑郁，生命充满了激情和创造力。

虽然这种真诚的关系十分稀少，却弥足珍贵，具有强大的治愈力。

分裂与孤独

几百年前，一大批桀骜不驯的拓荒者，从欧洲远渡重洋，踏上这片广袤的土地上时，马萨诸塞湾第一任长官约翰·温斯罗普对他们大声疾呼："我们必须为彼此感到高兴，设身处地为别人着想，一同欢喜，一同悲悼，一同劳动和受苦，永远要看到我们在这项工作中的使命和团契，我们的团契就像一个身体的各个组成部分，不可分裂。"那时，人们独立奋斗，也呼吁合作。邻居们相互关心，彼此照顾，常聚集在一起帮助其中的一个人修筑谷仓，或者整理围栏。

然而，两百年后，一位了不起的法国学生亚历克西斯·德·托克维尔游历了我们年轻的国度，并提出了一个概念——"心理习性"。他一方面对美国人独立奋斗的心理习性大加赞赏，另一方面也非常明确地提出警告：除非美国人的这种心理习性能持续且有效地被其他习性所平衡，否则将导致内心的分裂和孤独。

不同的群体有不同的心理习性，有的群体倾向于独立奋斗、张扬个性，有的群体则倾向于收敛个性、融入群体。但无论心理习性侧重哪一方面，都不能失去平衡。人格不独立，融入群体后，在从众心理的驱使下，很容易成为乌合之众。而人与人之间缺乏合作，独立奋斗的人们又会变成荒野上的一头头"孤狼"。

最近，备受尊敬的社会学家罗伯特·贝拉和他的同事们振聋发聩地指出，我们独立奋斗的心理习性并没有找到内在的平衡，德·托克维尔可怕的预言一语成谶：奋斗，导致了内心的分裂；独立，演变成了孤独。

我对这种分裂和孤独有着切肤之痛。从 5 岁起到 23 岁离开家，我一直和父母一起住在纽约市的一栋公寓楼里。每一层有两套公寓，中间隔着电梯和一个小小的门厅。这座 11 层的建筑内总共住着 22 户家庭，邻居之间虽然靠得很近，但由于彼此都具有"孤狼"习性，所以这些家庭就如同一座座孤立的小岛，相互没有往来。我知道门厅对面那户人家的姓氏，但从来不知道他们孩子的名字。在这 18 年里，我只"登陆"过他们家一次。我知道大楼里另外两家人的姓，但对其余的 18 户一无所知。我知道大部分电梯工人和门卫的名字，却不知道他们中任何一个人的姓氏。

更微妙，也更具有毁灭性的是，这种怪异的邻里间的分裂、孤立和冷漠，在我的家庭中却以一种情感隔离和孤独的形式表现了出来。我的童年大部分时间都感到幸福，父母满足了我物质上的需求，生活充满了温暖、亲情、欢笑和喜悦。但唯一的问题是，我与他们缺乏心灵上的交流，他们一心一意让我独立，而我感受到的，却是孤独。

父母从来不向我袒露他们内心的感受，除了愤怒，同时，也不愿意倾听我内心的声音。对我来说，他们是两座孤立的小岛，而我是另一座。在某些罕见的情况下，我的母亲会因为伤心而默默地、短暂地流泪。不过，在我的成长岁月中，印象最深的是，我从未听见父母提起过他们的伤心、焦虑、畏惧或忧郁，哪怕仅仅一次。他们把内心的这些情绪隐藏起来，对外统统表现为愤怒。他们允许自己愤怒，却不允许自己伤心、焦虑和抑郁，因为这些情绪是脆弱的表现。他们是优秀的具有独立奋斗精神的美国人，似乎可以永远凌驾于生活之上，纵览全局，掌控一切。很显然，他们希望我也成为其中的一员。但问题在于我并不喜欢那样，也做不到。我想自由自在地做自己；我想把自己最脆弱的那一面表现出来，并被人接受；我想与他人建立深刻的关系，从根本上化解内心的孤独。尽管家是安全的，但那并不是一个能让我按照自己的意愿，毫无顾忌表达忧伤、害怕、抑郁，或是依赖情绪的地方。可以说，在精神上，我是一个人长大的。我相信，这种孤独感并非我一个人独有，很多人都被这样的孤独深深淹没。

我在十几岁时患上了高血压。我的确曾生活在"高压"之下。每当我感到焦虑的时候，都会因为不敢表达焦虑而更加焦虑。每当我感到抑郁的时候，都会因为不敢表达抑郁而变得更加抑郁。直到 30 岁接触精神分析之后，我才开始意识到从精神层面来看，焦虑和抑郁都是可以接受的情绪。通过心理治疗我才明白，我在某些方面是脆弱的，就我而言，在精神上寻求支持和在物质上寻求支持同等重要。有了这些领悟之后，我的血压开始下降。但是，充分治愈是一个漫长的过程。即便到了50岁，我仍在学习如何向别人寻求帮助，如何在脆弱的时候不畏惧展现出自己的脆弱，如何允许自己适时地收起强撑心理，击碎包裹心灵的那层坚硬的外壳，表现出对亲密关系的渴望和依赖。

　　强撑心理不仅让我的血压受到了影响，也让我在处理亲密关系时出现了问题。尽管我渴望亲密关系，却在与别人变得亲密的路上遇到了不小的麻烦。这并不奇怪，因为我的原生家庭就是这样。如果有人问我的父母是否有朋友，他们一定会回答："我们有朋友吗？天哪，当然有了！不然我们怎么会在每个圣诞节都收到成百上千张圣诞贺卡！"从某种层面上看，这个答案无可非议。他们过着异常活跃的社交生活，受到人们普遍的尊重，甚至喜欢。然而，若追溯"朋友"这个词的深刻含义，我完全无法确定他们是否真的有朋友。他们有一帮友善的熟人，没错，但没有真正意义上的朋友。他们也并不想要这样的朋友，因为他们从来不会向任何人敞开心扉，也不希望别人向他们敞开心扉。他们既不渴望也不信任这种真诚而亲密的关系。而且，据我所知，在过分强调独立奋斗精神的人看来，他们正是那个时代和文化的楷模，是美利坚优秀的"孤狼"。

　　我是我父母的孩子，但我与他们有很大的差异，我无法像父母那样生活，他们希望我独立，不要暴露感情，这样才能变得坚强。他们认为，任何形式的暴露，都是在出卖自己，就像胆怯的叛徒，会瓦解坚强的内心。但我却强烈地渴望暴露和倾诉。我心中一直有一个说不清道不明的梦想。我梦想某个地方会有一个女孩，一个女人，一个我可以完全坦诚相待、敞开心扉的伴侣，在这段感情中我会被全然接纳，包括我的脆弱和抑郁、焦虑和恐惧。在我看来，这已经足够浪漫了，而真正不可思议的极致浪漫是这样一个朦胧的愿景：迥然不同的人们聚在一起，彼此敞开心扉，诉说心中的烦恼和伤痛，以真心对真心，以真情对真情，建立起一种没有功利目的的真诚关系。

我曾经在一本书中读到这样的文字：

将内心呈现出来，它将拯救你；如若不然，它将摧毁你。

我曾想，如果我不能呈现内心的这个愿景，我会不会因为窒息而被摧毁呢？

现在，我知道，我之所以获得拯救，是因为一步一步实现了这个愿景。我成为一名心理医生，是想与病人建立一种真诚关系，他们在我面前暴露自己，而我也将自己暴露给他们。后来，我又致力于"真诚关系"的建设，是希望父母和孩子、丈夫和妻子、朋友和同事，以及人与人之间，彼此都能聆听对方不一样的鼓声，相互尊重，相互欣赏。我相信，只有在这样的关系中，我们才能充分展示自己的脆弱、无助和缺陷，并完完全全接纳自己，成为自己。

然而，很多父母与孩子之间却缺乏这种真诚关系，父母总是带着种种成见和预判与孩子相处。由于他们把自己的想象和判断捆绑在孩子身上，所以，他们看不见孩子真实的样子，只看见孩子在自己头脑中投射的影子。在这些家庭中，孩子不被理解，会格外孤独，而父母则对孩子发出的不一样的声音充耳不闻，一厢情愿按照自己的想法塑造孩子。这样的塑造无疑是一种摧毁，就像我曾经差点被摧毁一样。

坚硬与柔软

上中学的时候，按照父母的意愿，我被安排进了一所严格的贵族学校——菲利普斯·埃克塞特学校。在那里，我备感排斥和压抑，并因此痛苦不堪。15 岁那年春假之后，我拒绝回到那所学校，这令我的父母非常愤怒。但由于诊断出我患有抑郁症，所以父母并没有强迫我。应该说，在培养独立奋斗精神方面，埃克塞特或许算得上是全美领先的学校。老师们最自豪的就是从不溺爱学生，能培养出学生坚强的个性和顽强的竞争意识。他们可能会说："速度是比赛的关键！"或者："如果你连芥末都不敢碰，那可太糟糕了！"抑或："恐惧是懦弱的表现，你必须变得坚强！"

虽然培养竞争意识能够让人变得坚强，但在"不卓越，就可耻"的氛围下，学生必定会产生攀比和嫉妒心理。我们与别人攀比，嫉妒比自己强的人，看不起比自己差的人。在变态的自卑与自大中，我们苦苦挣扎，想要成为另一个人，而不是自己。虽然有时老师也会对学生表现出一丝关心，但这种情况极为罕见，不会受到鼓励。虽然学校也有一些学生团体，似乎可以接纳我们，但规则往往十分苛刻，至少有一半的学生会被团体所排斥。

不优秀，就会被抛弃，这给我带来了巨大的压力。在最初的两年里，我几乎将所有精力都投入到"融入"学校的尝试中，却遭遇了失败。

直到第三年，我终于"融入"了，但这时我才发现，那并不是我想要的。我隐约意识到，如果继续沿着这条路走下去，我会被逼疯，生命也将窒息致死。事实上，我患上抑郁症并不是无缘无故的，正是我内心深处的挣扎，预示必须放弃一些东西。在意识的层面上，我知道埃克塞特是一所很棒的学校，就像父母说的那样，而且我哥哥也非常适应。但在潜意识的层面，我却开始了放弃的过程。潜意识总是走在意识的前面。但由于意识没有跟上潜意识的脚步，它们之间激烈的碰撞和冲突，便以抑郁症的形式表现了出来。

经过激烈的内心冲突之后，我毅然决然地做出了一个至关重要的决定：退学。

这个决定在意识思维中，看起来无比荒谬，却是潜意识深处的鼓声，跟随这鼓声，我义无反顾放弃了那条不属于我的道路，开启了新的生活。

　　那年秋天，我进入另一所名叫"友谊学校"的中学，重读十一年级，那是一个位于纽约市格林威治村边上的学校。现在我和父母都不记得当初是如何做出这个偶然性的选择的。无论如何，友谊学校与埃克塞特正相反：它是走读学校，而埃克塞特是寄宿学校；它很小，而埃克塞特学校很大；它从幼儿园开始共设立了十三个年级，而埃克塞特只有四个年级；它允许男女生同校，而埃克塞特只有男生；它是"自由的"，而埃克塞特是"压抑的"；它接纳任何人的感受，而埃克塞特却需要学生服从它的意志；它是柔软的，而埃克塞特是坚硬的。

　　在柔软的友谊学校，我觉得我那颗焦虑、抑郁、无处安放的心，终于落到了绵软的天鹅绒中，我回家了。

　　一般来说，青春期是一个人的意识与潜意识相互交织、碰撞，并引发激烈冲突的奇妙阶段。但在友谊学校这两年，我的内心却没有冲突，一切都是那么的美妙。到那儿的第一周我便感到非常舒适，我开始在智力、体力、生理、心理和精神等各方面茁壮成长。但是，这种蓬勃发展就好比一株干枯、凋零的植物接受雨露滋润一般，发生在不知不觉间，润物细无声。

　　在埃克塞特，学校排斥我，我也排斥学校，每天早上都不愿意从床上爬起来。人不可能在排斥中变好，只会变糟。埃克塞特十一年级有一门美国历史必修课，每个学生必须在年底前完成一份十页纸、排版整齐的原创研究论文，并附上脚注和参考书目。对此，我十分抵触，认为那是个不可能完成的任务，我15岁的双腿根本迈不过这么高的门槛。而在友谊学校，学校全面接纳了我，我也全面接纳了学校。每当清晨醒来，我都迫不及待想开始新的一天。这种接纳，让我越变越好。由于需要重读十一年级的课程，因此我再次和这门历史必修课狭路相逢。不过这一次，我却不费吹灰之力就完成了 4 篇 40 页的论文，每篇论文都排版整齐，并附有丰富的脚注和参考书目。九个月前，在埃克塞特是一道可怕的障碍，但在友谊学校却被我轻松愉快地跨越了。我为这种变化而欣喜，但这变化发生得如此自然而然，我竟毫无察觉，从未思考为什么会有这样的变化，以及我为何会如此幸运？

生活继续向前，从未停下脚步，但 30 多年后，当我回首往事时，我才真正理解：一个人在自己适合的地方被接纳，对他来说是何等的重要。

每个人都是不同的，埃克塞特是一所不错的学校，它适合我哥哥，但不适合我。而大多数父母则认为，人有无限的可能性，孩子可以任意被塑造，只要努力培养，他们就可以成为父母希望成为的人。但真实的情况是，人不可能成为任意一个别人，只能成为自己。埃克塞特想把我培养成别人，而我也尝试去做别人，结果患上了抑郁症。

抑郁症，本质上是意识与潜意识之间发生了激烈的冲突，潜意识想让我走自己的路，而意识则拽着我走别人的路。丹麦哲学家克尔凯郭尔说，人生有三种绝望：一是不知道有自我；二是不愿意有自我；三是不能够有自我。

幸运的是，我"知道"有自我，也"愿意"有自我，而父母最后不得不放手，让我"能够"有自我。我一直怀疑，我之所以选择友谊学校，很可能是在冥冥之中听见了潜意识的声音，它似乎对我说："嘿，这里就是适合你成长的土壤。"

在埃克塞特学校，老师很严厉，人与人之间的关系坚硬、冷漠，令我畏惧。但在友谊学校，人与人之间的界线却是柔软的。老师和颜悦色，他们温和地与我们开玩笑，而我们作为学生，也欣然地回敬他们。事实上，他们中的大多数人都很善于自嘲。我从不害怕他们。

我们班里大约有 20 个人，除了个别几个男孩，大部分人都不系领带，没有着装要求。我们这 20 个装束各异的年轻人，有男有女，来自纽约市的不同区域，背景也各不相同。有犹太人、天主教徒、新教徒，以及无信仰者。我们的父母中有医生和律师，工程师和工人，艺术家和编辑。有些住豪华公寓，另一些则住在狭小逼仄的无电梯公寓里。最令我记忆深刻的一点：我们是多么的不同。

我们中有些人的平均成绩一直名列前茅，有些却一直处于中游。我们中的一些人显然比其他人更聪明、更漂亮、更帅气、更成熟或者更世故，但是没有派系，没有攀比，也没有变态的嫉妒。每个人都被尊重。几乎每个周末都会举行派对，但从来没有人列出清单，明确表示邀请谁或不邀请谁，所有人都被默认是受欢迎的。有些人很少来参加聚会，那是因为他们住得很远，或是有其他更重要的事情要做。我们中的一些人开始约会，另一些则没有。我们中的一些人走得比其他人更近，但没有人被排除在外。没有人去孤立别人，或者被别人孤立。

与埃克塞特的竞争意识完全不一样，在友谊学校，即使在同一个班级里，也不存在班级内部的竞争，我们都被温柔地接纳，而接纳产生了巨大的凝聚力。我回想起了有关聚会的最后一个细节，我们中的一些人与比我们高年级或低年级的人约会，甚至包括毕业生或其他学校的人，这些或年长或年轻的兄弟姐妹都常来参加我们的派对。奇怪的是，与我之前的设想不同，我既没有看不起比我小的，也没有高看比我年长的。

主观上，有一件事使我记忆深刻，那就是我从没想过或尝试过成为除我自己之外的任何人。别人似乎也不希望我有什么改变，同时也不想变成除了她／他自己之外的其他人。这是我人生中第一次有这种感觉。

在不知不觉中，友谊学校营造了自我蓬勃发展的氛围，无论个人背景或信仰为何，我们都拥有真正的"友谊"——没有嫉妒，没有攀比，反倒有很强的凝聚力。我们努力学习，但不是被逼迫的，而是自然而然被感染，主动变得要求上进，并充满活力。

这样的经历说明了两点：

一、真正的救赎，并不是厮杀后的胜利，而是在真诚关系中找到生的力量和心的安宁。

二、成长是内心的花开，它源于自身的渴望，而不是外在的逼迫和挤压。

在埃克塞特，学校用攀比教育，从外面挤压学生，谁不优秀，谁就出局。这种外在的逼迫或许能鼓励其他人，却对我造成了极大的破坏。也许，攀比教育，会让别人在厮杀中变得坚强，充满斗志，或者野心勃勃，但我却相信，一把锤子敲不开一朵莲花，真正的力量并非来自坚强，恰恰来自"柔软"。正如克里希那穆提所说：

让自己的心保持柔软。真正的力量并非植根于坚定的意志和强壮的体魄，而是蕴含在柔软的心灵中。

在埃克塞特，"坚硬"差一点将我摧毁，而在友谊学校，我的心却变得柔软。我沉浸在真诚关系中，那种被认同、被接纳的感觉如此美妙，我感觉生命在流动，充满了成长的力量。这种感觉在之后的十几年中都不曾有过，直到我遇见麦克·贝吉里。

我们是不同的琴弦，却弹奏出同一首歌

没有什么比真诚关系更能触动人心了，但对于大多数从来没有体会过真诚关系的人来说，那种感觉很难描述，就好比试图向一个从未吃过朝鲜蓟的人描述它的滋味一样。

但触动生命的感觉，只要品尝过一次，就永远不会忘记，

即使这感觉蛰伏在心中很久，总有一天，会因为一件事，或者一个人，再一次引爆。

快 30 岁时，我在旧金山，参加美国陆军莱特曼综合医学院的精神病学培训，一位在军队任职的资深精神病学家麦克·贝吉里加入了这个学院。在他到来之前，学院里盛传有关他的谣言。大多数人认为他是个无能、疯狂，或两者兼备的人。然而我非常尊重的一位教员却将麦克形容为"军队中最伟大的天才"。后来，当我陷入精神困境寻求他的帮助时，才真正领略到他的不凡。

当时，麦克担任精神科门诊部主任，我在他的部门工作，跟其他医生轮班接诊患者。或许是我责任心太强，工作日程表总是排得满满的，工作量远远多于其他同事。别的医生每周接待一次患者，而我每周则要接待两三次，结果可想而知：别的医生每天下午四点半陆续下班回家，而我要一直工作到晚上八九点钟。这使我心怀不满，疲劳感与日俱增。我意识到必须改变这种局面，不然我肯定会崩溃的。我去找麦克主任反映情况，希望他给我安排几个星期的假期，不再接待新的患者。我暗自揣测："他应该会同意的，对吧？他是否有别的解决办法呢？"在麦克主任的办公室，他耐心地听我抱怨，一次也没有打断我。我说完后，他沉默了一下，同情地对我说："哦，我看得出来，你确实有问题。"

他的关心和体谅让我很是感激。"谢谢您！那么，您认为我应该怎么办呢？"

他回答说:"我不是告诉你了吗,斯科特,你有问题。"

这是什么回答啊,简直是驴唇不对马嘴,完全不是我期待的,我多少有些不悦。"是的,"我再次问道,"您说得没错,我知道我有问题,所以才来找您的。您认为我该怎么办呢?"

他说:"斯科特,很明显你没弄懂我的意思。我听了你的想法,也理解你的状况,你现在的确有问题。"

"好啦,好啦,我知道我有问题,我来这里之前就知道了!可问题在于,我究竟该怎么办呢?"

"斯科特,认真听好,我再说一遍:我同意你的话。你现在确实有问题!说得再清楚些,你的问题和时间有关。是你的时间,不是我的时间。这不是我的问题,是你的问题。你,斯科特·派克,在时间管理方面出了问题。我就说这么多。"

我气得要命,转身就走。一连三个月时间,我满肚子都是火气。我坚信他是一个不负责任的领导。不然怎么可能对我的问题漠然置之呢?我态度谦虚地请他帮助,可这个该死的家伙,不肯承担起他的责任。

三个月过后,我渐渐意识到麦克主任没有错,不负责任的是我,而不是他。我的时间是我的责任。是我,只有我,能决定怎么安排和利用我的时间。是我自己想比其他同事花更多时间治疗患者,这是我自己的选择,我应该承担这个选择的后果。看到同事们每天比我早两三个钟头回家,令我感到难受。但这不正是我自己造成的吗?我的负担沉重,并不是命运造成的结果,不是这份职业本身的残酷,也不是上司的压榨逼迫,而是我自己选择的方式。同事们选择了和我不同的工作方式，我就心怀不满，这实在毫无道理，因为我完全可以像他们那样安排时间。憎恨他们的自由自在，其实是憎恨我自己的选择，可是这本是我引以为荣的一个选择。想通了这一切之后，对于比我更早下班的同事，我不再心怀嫉恨。虽然我还是像以前那样工作，但心态却发生了根本的改变。

从那以后，我对麦克敬佩不已，他也成了我的良师益友。

同年 12 月，麦克提出要为我们 36 个工作人员组建三个心理小组，计划第二年 2 月至 4 月期间，每月各一个。麦克宣布，这些小组将依据"塔维斯托克模型"进行引导。每个小组最多容纳 12 名参与者，参加与否完全出于自愿。在那之前，我在集体治疗方面的训练和经验都极度平庸，也不知道这种心理小组，正是后来"真诚关系"的雏形。但由于我非常敬佩麦克，所以渴望参与和他相关的任何活动，便报名参加了第一批"小组试验"。

二月份的一个星期五，晚上八点半，我们 12 个人，加上麦克，在加利福尼亚州马林县一个空军基地的一间空置的营房内，开始了小组心理实验。所谓实验，其实就是大家坐在一起开马拉松似的会议。我们每个人都已经工作了整整一天，非常疲惫。在会议上，没有人告诉我们何时可以睡觉，何时该醒来，何时用餐，也没有人告诉我们第二天具体要做什么。我们就像 12 个迥然不同的盲人，被麦克放在同一个空间里，相互碰撞、相互挤压、相互摩擦。然而，那个周末发生了三件事，给我留下了难以磨灭的印象，其中的第一件可以算是我曾经历过的最神秘的体验。

　　坐在我旁边的，是一位来自爱荷华州的年轻的精神病学教员，他很快就毫不客气地表示，他看不惯我东海岸特有的矫揉造作的做派，以及略显"娘娘腔"的装束。我当即反击，表示我也讨厌他身上那种中西部牛仔式的莽撞，并嫌恶他抽重口味的雪茄。凌晨两点左右，那个讨厌的牛仔在椅子上睡着了，开始大声地打鼾。起初看起来有些可笑，但几分钟之后，他喉咙里发出的噪音开始让我感到恶心。他完全分散了我的注意力。为什么他不能像我们其他人一样保持清醒呢？我不禁思忖。既然他选择作为这项实验的志愿者来到这里，至少应该有起码的纪律性和自觉性，不要用丑陋的鼾声影响别人。一波接一波的愤怒在我的内心翻涌。当我看到他身旁的烟灰缸里四根臭气熏天的烟头，咀嚼过的那一端还沾着湿漉漉的口水时，我的厌恶和愤怒到达了极点。我彻底义愤填膺了。

　　但是紧接着，一件奇怪的事情发生了：正当我满腔义愤地看着他时，突然之间，他竟然变成了我，或者说，是我突然变成了他。不知为何，我忽然看见自己坐在他的椅子上，我的脑袋向后仰着，鼾声从我的嘴里发出来。我清醒地感觉到自己的疲惫，猛然意识到他是睡着的我，而我是醒着的他。他正在替我睡觉，而我正为他醒着。瞬间，我对他的憎恶之情转变为一种关爱。愤怒、厌烦与仇恨的浪潮被爱与关怀的浪潮所取代，并持续了下去。过了一会儿之后，他在我眼中才重新变回了他

自己，但有些东西已经被彻底改变了。当他醒来后，我对他的
关爱之情依然存在。后来，尽管我们从来没有成为最亲密的朋
友，但是在接下来的六个月里，我们尽情享受着一起打网球的
美好时光，直到我被重新分配到其他地方。

　　我并不知道这种神奇的经历究竟是如何发生的，但我知道
疲劳会使"自我界限"变得模糊。自我界限，是一个人捍卫自
我的心理防线。我之所以是斯科特，就是因为有这道防线作为
屏障。自我界限可以保护自我，同时也会画地为牢，限制自
我，让人固执地以自己的想法、习惯和爱好去对待别人。"牛
仔"看不惯我，是因为我不符合他的要求，与他不一样，而我
反击他，是因为他侵犯了我的自我边界。当然，如果在平时，
他看不惯我，出于礼貌，也不会像今天这样无所顾忌表现出
来。但在麦克这个心理小组中，我与他如此近距离的接触，在
没有任何回旋空间的情况下，礼貌的面罩被撕破，两个不一
样的人必定会产生激烈的碰撞和冲突。有人说，人与人的关
系，就像寒冬里的刺猬，离得太远会冷，靠得太近会痛，因为
彼此身上都有保护自己的尖刺。但这个匪夷所思的经历或许说
明，一个人在极度疲倦的情况下，于恍恍惚惚中，有可能放弃
保护，再加上怒气填胸，自我界限就像一只吹胀的气球，"砰"
的一声爆炸，刹那间破碎，消失。这时，我生命中的能量与对
方的能量融为一体，相互流动。我真切感受到对方的感受，也
触碰到自己的真实。这个过程虽然短暂，自我界限很快就会恢
复、重建，却能增强共情能力，扩大与外面世界的关系。也

许，我激动人心的神奇感受，可以用荣格的"共时性"来解释。荣格认为，当一个人放弃心理防线，与世界建立关系时，在外部世界与内心世界，有形与无形之间，都会发生一些神秘的事情。

我把我的神奇经历告诉了其他人，他们也感到很神奇，并为此兴奋不已。到了清晨五点，大家都有些精疲力竭，马拉松式的会议自动暂时停止，我们睡了两个小时。但是，周六上午九点左右，不知道什么原因，我开始感到有些抑郁。午餐休息时，我把自己的感受告诉了另外两个一起就餐的组员。于是，发生了第二件令人印象深刻的事。

"我不明白你怎么会这么想，"他们如此回答，"小组进展良好，我们都觉得棒极了，即使你不这么想。"

由于我与他们的看法和感受不一致，这令我感到困惑，所以在星期六下午一点的小组会议上，我又谈到了这个问题。几乎所有成员都不约而同地谈论着他们在小组中感受到的喜悦，以及一些受益匪浅的经历，只有我显得格格不入。他们想知道我是怎么了，为什么没有像他们那样享受这段美好时光。我被视为不和谐的鼓声，这令我更加抑郁。他们都知道我当时正在接受心理治疗，于是询问我是不是和我的精神分析师之间存在什么问题，以至于我不合时宜地把这些问题带到了小组中。

现在是下午两点。在之前的几个小时里，除了我们的导师麦克之外，唯一没有发言的人是理查德，他是个异常疏离、缄默而超然的人。"也许斯科蒂（斯科特的昵称）是整个小组抑郁情绪的代言人。"理查德直言不讳地评论道。

　　小组成员们立即把矛头指向了理查德。"多么奇怪的说法，"他们宣称，"毫无道理，凭什么让某个人作为整个小组抑郁情绪的代言人？简直是无稽之谈，这个小组里根本不存在抑郁情绪。"

　　接着他们又把矛头继续指向我。"很明显你的确有问题，斯科蒂，"他们接二连三地说，"事实上，这是一个很严重的问题，并不是这样一个短期小组所能解决的。"

　　"显然你应该在第一时间和你的精神分析师谈谈，这与你的治疗息息相关，同时你不应该将它带到这里来影响我们的小组工作。"

　　"也许你病得太严重了，真的不适合参加这类小组体验。"

　　"或许现在离开这个团队对你自己和我们其他人来说都是件好事。"

　　"尽管现在是星期六下午，也许你的精神分析师仍愿意今晚在紧急情况下见你一面。"

　　三点时，我愈发感到抑郁，仿佛自己是个弃儿，似乎到了为了不使我的精神疾病成为组织的负担而不得不离开的时候。就在此刻，导师麦克发话了，也是当天的第一次发言："一小时以前理查德说，也许斯科蒂是整个小组抑郁情绪的代言人。作为一个群体，你们选择忽视这个建议，或许你们这样做是对的，或许你们认为斯科蒂的抑郁跟我们其他人没有任何关系也是对的，但是我进行了一次观察，直到今天早上五点我们短暂休憩之前，曾有很多的笑声，那代表一种欢乐的情绪。正如你们所知道的，从那之后我什么都没说，但是我一直在观察你们，我想告诉你们的是，今天早上九点以后，这个小组里没有人笑过。没错，在过去的六个小时内，整个小组里没有一个人笑过。"

所有小组成员都错愕不已，短暂地沉默后，一个组员说："我想念我的妻子。"

"我也想念我的孩子们。"另一个人补充道。

"这里的伙食太差了。"第三个人说。

"我不知道我们为什么要大老远跑到这个愚蠢的空军基地来做这么愚蠢的事，"另一个人又说，"如果我们回到普雷西迪奥，本可以节约很多时间，还可以回家睡个好觉。"

"而且你的领导力实在太糟糕了，麦克，"另一个人说，"正如你自己所承认的那样，你在过去的六个小时内没说过一句话，你应该更积极地领导我们。"

当每个人都发泄出了造成抑郁情绪的愤怒、挫败和怨怼之后，欢笑和愉悦的精神又回归了这个群体。我，毫无疑问地，从"弃儿"变成了"先知"，这种身份转变令我倍感欣慰。之前，为什么他们会忽视我的抑郁呢？因为每个人都希望成为一轮明月，不愿意将黑暗的一面让别人看见。尤其是在群体中，从众心理会让人们将内心的阴影隐藏到潜意识的地毯下面。而"先知们"总是坏消息的信使，他们宣布社会出现的问题，就像我在心理小组里所做的那样。但是人们并不喜欢听到有关自己的坏消息，这就是"先知们"通常不是被诟病，就是成为替罪羊的原因。苏格拉底带着腐蚀雅典青年的罪名被处死，布鲁诺因捍卫真理而被当作"异端"活活烧死。我的这段作为一个小小的"先知"而成为替罪羊的经历如此精炼、清晰和个人化，对我大有裨益，让我深刻理解了艾默生说的那句话："愚蠢的一致是许多狭隘心智作怪的结果。"从那以后，每当我在某方面与别人不一致的时候，我从不完全肯定是我错了，而每当我站在大众一边的时候，我也从未沾沾自喜地确定自己是对的。

　　那的确是个硕果累累的周末，发生的第三件事情相对缓和，不像第二件那么具有潜在的凶险。当小组停止了寻找替罪羊的行为并消解了抑郁的情绪之后，整个周六晚上都沉浸在一片平静祥和的氛围中。我们一致决定，经过这疲惫的一天，我们值得拥有一次合理的睡眠。我们在晚上十点钟结束工作，约定星期天早上六点继续。当我们一起迎接加利福尼亚的黎明时，每个人都精神焕发。然而在一个小时之内，不和谐的音符再一次出现了。大家开始毫无缘由地互相嘲讽。只是这一次，我们已经学会把整个小组看作一个有机的整体，像对待生命体一样关注它的健康。因此很快便有人指出："嘿，伙计们，我们似乎把它弄丢了，我们的灵性消失了，怎么回事？"

　　"我不知道别人怎么样，"另一个人回答，"但是我一直感到烦躁，我并不确定是为什么。在我看来，我们关于人类命运和精神成长的话题太天马行空，不切实际了。"

有几位组员点头称是。

"关于人类命运和精神成长的话题怎么会不切实际？"另一位反驳，"在我看来它至关重要。它是一切行动的起点，它是生命的全部意义，它是万事万物的根基，以上帝之名。"

我们中的另一些人同样点头称是。

"当你说'以上帝之名'的时候，在我看来恰恰暴露了问题之所在，"同意第一种观点的其中一个人说道，"我不相信上帝。之所以说你们不切实际，是因为你们滔滔不绝地说着上帝、命运和精神，仿佛那些东西是真实存在的一样。事实上，它们中的任何一个都无法被证实是真实存在的，它们无从捉摸，只令我心生疑虑。真正值得我关注的是当下，是此时此刻。我该如何谋生，我的孩子患了风疹，我的妻子体重超标，精神分裂症该如何治疗，以及明年我是否会被分配到越南。"

"我可能会这么说，我们似乎分成了两个阵营。"另一位组员委婉地插话。

突然之间，整个小组都因为他的解释过分委婉而哄堂大笑起来。"你可能会这样说——是啊是啊，的确，你只是可能。"一个人拍着大腿大笑着说。"只是可能看起来似乎是那样。"另一个人应和道。

自此，伴随着愉快的心情，我们秉承着公开公平的原则，开始着手进一步阐明我们之间的分歧。我所属的阵营认为其他六个人属于现实派，而他们则认为我们是理想派，并将我们称为圣杯守护者。

麦克不想打破这一平衡，因此拒绝参与进来。

由于我们的组织已经变得高效，所以，我们很快意识到，在仅剩的有限时间内，现实派将无法帮助理想派接近现实，也不可能阻止我们追寻精神上的镜花水月。同样，我们也接受了这样一个事实，即在剩下的几个小时里，我们也无法将现实派们从他们粗俗的唯物主义中扭转过来。因此我们接受了彼此的不同，把分歧搁置一旁，成功地延续了我们的工作。

小组工作已接近尾声。而此刻，我们将这个即将消失的群体当作一个既不是纯粹的唯物主义，又不是彻底的唯心主义的有机体来对待。为了尽可能挖掘我们内心深处的感受，我们放弃了理性的分析、说理和判断，用编故事的方式将潜意识的东西呈现出来。在编故事的过程中，每位组员都抛出一个新的细节，大家同喜同悲。这个故事看起来荒诞、离奇、虚幻，但在某种情况下，荒诞比现实更接近真理。这个故事至今还留在我的记忆里：

> 我们就像一只巨大的海龟，
> 来到沙滩上产卵之后，
> 终将蹒跚着回归大海中死去。
> 那些产下的卵是否可以成功孵化，
> 则完全取决于命运。

麦克的心理小组给予了我太多的收获，在小组即将解散时，我们用上面这个故事来表达自己的心情。这种形象化的表达，令人心酸地道出了我们相处的时间太过匆匆这一不争的事实。但我们并没有白来一趟，我们在沙滩上产下了卵，留下了生命的痕迹。同时，我们也深刻地意识到，除了我们终将回归大海中死去，没有什么事情是确定的。我们不确定那些产下的卵是否能孵化成功，不确定我们的努力是否能结出沉甸甸的果实。不过，可喜的是，我们敞开心扉，不再自以为是，固执地相信自己可以掌控一切，而是逐渐接纳未来的不确定性，即，努力做自己想做的能做的，把结果交给命运。

这个荒诞的故事还表明：我们不仅接纳了命运，也接纳了我们彼此之间的差异，不再强行改变对方。在心理小组中，解决现实派和理想派之间的分歧，是我在解决群体冲突方面的第一次经历。我之前并不知道，一群人可以承认他们之间存在分歧，并将分歧放在一旁，仍然彼此相爱。我也不知道如果我们能够长时间共同工作，那些分歧会发生怎样的转变。但在那段短暂的时光里，我目睹了人类对分歧的接纳与超越。这让我想起了纪伯伦的诗句：

一同欢快地歌唱，一同欢快地跳舞，
但要给对方独处的自由。
就像每根不同的琴弦，
即使在同一首音乐中颤动，
但，你是你，我是我，彼此独立。

敞开你的心，但不要将心交给对方保管。

因为唯有生命之手，才能容纳你的心。

站在一起，却不可靠得太近，

君不见，寺庙的梁柱，它们各自分离，却能让庙宇屹立。

而橡树和松柏，也不在彼此的阴影中成长。

我们是不同的琴弦，却弹奏出同一首歌——这就是那年二月，我在麦克·贝吉里领导的非凡的心理小组里领会到的。但最令我震撼的并不是其中任何一件事，而是一种愉悦的感觉。

在友谊学校，我第一次品尝了真诚关系带给我的喜悦，但那种真诚关系是相对宽松的、柔软的，不像这个心理小组超乎寻常的短暂和紧张。我们 13 个人，42 小时，挤在一个狭窄的空间里，将 75% 的时间用于关注我们之间的相互关系。在这段经历中，有很多怨恨、抑郁、烦恼，甚至无聊的时刻，但仍让我感到喜悦。之前我也曾感受过同样程度的喜悦，但这是我第一次了解到它可以如此频繁和持久。正因为这是第一次经历，所以我当时并不知道它是如何产生的。但现在我知道这是真诚关系所带来的喜悦。还知道，真诚关系所带来的喜悦只是一种副产品，生命的充实和完整才是目的。执着地寻求喜悦，你不可能找到它。因为对喜悦的追求过于急切，烦恼就会产生，这就如同一个人兴高采烈蹦蹦跳跳去看彩虹，结果却被雷劈了。但是，忽略你的喜悦，努力将自己在真诚关系中展开，你反倒能在这个过程中感受到喜悦。换言之，你无法直接去寻求或把握住喜悦，但若能投入地去建立真诚关系，深深的喜悦便会降临。

跛脚的英雄

接下来，另一次有关真诚关系的体验，是在日本冲绳。与上一次相同的是，群体包含了 12 名男性；不同的是，持续了一年时间。在这一年中，我们平均每周相聚一个小时。这是一段快乐而幸运的经历，欢乐中回荡着喜悦的余音。同时，它和麦克·贝吉里心理小组还有一个相同之处，那就是每个成员都将自己内心深处的秘密，用故事的方式呈现出来。我欣喜地见证了冲绳岛上这个心理小组所创造的精美绝伦的故事。

在冲绳，我负责向驻扎在这里的十多万美军及其家属提供精神类疾病治疗。其中绝大部分是门诊病人。门诊部人员严重不足，因此，我不得不最大限度地利用分配到我们诊所的年轻人。我发现经过一些训练，这些年龄从 19 岁到 25 岁不等的年轻人中，大多数都能够成为非常合格的心理治疗师。

他们在军队中的头衔是"心理技术员"，之所以来到这里，几乎都是因为同一个特殊原因。当时越南战争日益升级，征兵十分活跃。在校大学生如果成绩合格，就可以继续完成学业，直到毕业。成绩不达标的则有另外三种选择：第一种是逃到加拿大，浪迹天涯；第二种是消极等待，直到被征兵，然后由部队任意指定兵种——包括步兵；第三种，或许算得上那个时期最聪明的选择，就是自愿参军。自愿应征入伍的学生可以选择一个自己相对感兴趣，而且不太可能被送上越南战场的工作。后者几乎是所有"心理技术员"都遵循的原则，也是他们来到冲绳岛的主要原因。

他们都上过大学，足够聪明，对心理学也有一定的兴趣，因而选择了心理技术员的工作。入伍之前，他们已经在学校接受了基本训练，还额外参加了两个月的心理培训，之后才被分配到冲绳岛。渐渐地，我发现他们还有另外两个共同点：一是他们对自己的处境感到无助。虽然他们确实能够做出一些选择，但是他们的选择仍然主要由征兵条例决定的，并非因为自己喜欢。另一个，他们都是失败者。具体而言，他们在大学里的学习成绩不合格，不得不终止学业。但这绝不是说，他们不够聪明。一些人是因为太过频繁地参加聚会，另一些人则是在恋爱和毒品中迷失了自我，还有一些人，是对学习缺乏热情。无论如何，他们都失败了，而这一失败正是他们共同身份的重要组成部分。

我在麦克·贝吉里心理小组的经历激发了我对群体工作的热情。为了获取更多相关的经验，同时协助心理技术员们调整状态，我问他们是否有兴趣以小组的形式，每周与我进行一个小时的会面。他们同意了，于是心理技术员小组便在那一年的五月正式组建。

两个星期之后，六月初，我接到了指挥官考克斯上校的电话。"斯考特（上校有严重的口音），"他以他独特的南方口音慢悠悠地说，"我想请你帮个忙。"

"当然，长官，请吩咐。"我回答。

"我在这个岛上有个好朋友，也是个上校，他的儿子正在念大学，是个很不错的孩子。他在国内学的专业是心理学，但他圣诞节前都不会回去。他现在刚好有时间，很想在心理学这方面做点什么，我想问问你们诊所那儿有没有志愿工作可以让他参与一段时间。"

"没问题，长官，很高兴这么做，您方便的时候把他送来即可。"我立即回答。

一小时后，亨利出现在诊所。我惊呆了。亨利患有严重的脑瘫。他唯一能做的事就是在诊所的走廊上痉挛着蹒跚而行。他的半边脸耷拉着，说话也含糊不清，只有渐渐适应了才能勉强辨识。大部分时间他都控制不住地流口水。我默默诅咒考克斯上校给我和我的公共诊所送来了这样一个怪物，更诅咒上帝创造出这样一个看起来像食人魔般的生物。我对亨利无可奈何，只得安排他做了文员，同时既然他已经临时成为团队成员之一，并且对心理学感兴趣，我邀请他加入了心理技术员小组。

后来，在这个小组中，我渐渐发现，亨利是我遇到过的最聪明、最敏感、最美丽的人之一。几次会议之后——从很大程度上来说是在亨利的促进下——我们每周一聚的小组建立起了真诚关系。此后不久，小组成员开始把各自内心的秘密，编织成了一个梦一般的荒诞故事。故事的主角是阿尔伯特，他身上有我们每个人的影子。

阿尔伯特是夫勒斯诺市市长的私生子，先天畸形。他是如此畸形，只有一只手，而且是从额头中心长出来。小组成员们认为，正因为如此，阿尔伯特是这个世界上能够听到"一只手鼓掌的声音"的少数人之一。或许是因为具备这种独特的能力，又或许是因为受到他父亲的影响，阿尔伯特成了一个非常成功的劳工组织者，有史以来第一次联合了夫勒斯诺市的同性恋虾渔民。这里并没有明说，究竟是夫勒斯诺市的捕虾渔民本身是同性恋，还是这些"直男"渔民捕的是同性恋虾。无论如何，正是因为这项成就，阿尔伯特被政府派往冲绳岛，组织同性恋虾渔民本地八十九号联合会。（第89条，是当时要求从军队解雇被发现的同性恋者的法律条款。）

由于呈现内心需要极大的勇气，也是一次冒险，所以大家把这些故事称为"阿尔伯特冒险之旅"。

随着群体每个星期都在疯狂地拓展阿尔伯特冒险的新篇章，这个故事的内容层层叠加，日益丰盈起来。可以说，这个小组中的每个人都是不完美的，都有这样或者那样的缺陷。或许，我们中有的人出生不光彩，是某个大人物的"私生子"；

或许，有的人生下来就"畸形"；或许，有的人一直被别人嘲笑，自卑得抬不起头来；或许，有的人具有同性恋倾向……

总而言之，我们都是跛脚的人：亨利是跛脚的；心理技术员们也是跛脚的，因为他们不能完成学业，是大学里的失败者；而我也是跛脚的，十几岁曾患过抑郁症。不管是生理上的跛脚，还是心理上的跛脚，我们都在冒险故事中，将自己的残疾呈现出来，给予正视。

请原谅我作为一个心理医生的职业习惯，因为我不仅记录下了这个荒诞故事如何帮助我们正视"跛脚"，还记录下了我们对家乡和亲人的思念，以及由此产生的焦虑；记录了我们在冲绳岛部队中的无力感，以及对军队粗暴对待同性恋者的厌倦；同时，也记录下了我们在性方面的压抑和苦闷。在每周一次的真诚关系中，我们见证了彼此的自我认同与相互接纳，每个人都从中感受到了人性的温暖和美好。

到圣诞节的时候，阿尔伯特历险记几乎可以写成一本书了。遗憾的是，我们从未将它写下来。第二年五月，亨利返回美国，一些心理技术员服役结束。与此同时，诊所搬到了一个新成立的医疗中心，而我成为该中心的负责人。这些因素和额外的职责，导致我们不得不解散心理技术员小组。但我永远不会忘记这个群体所呈现出的真诚、友情和创造力。一个人只要体验过真诚关系，哪怕只有一次，就再也不会感到孤独。每当我感到孤独，急需抚慰的时候，都会回忆起阿尔伯特取得的那些胜利，并从中获得力量。不错，我们是有缺陷的，但同时我们也都具有灵性，因为我们能够听见"一只手鼓掌的声音"。

需要进一步说明的是，我们之所以用荒诞的故事来呈现内心，是因为潜意识就像梦一样，没有清晰的逻辑。荒诞是梦的特征，而荒诞的故事，如同神话故事一般，最能够呈现潜意识的真实。克尔凯郭尔说："存在不能用概念去表达，并不是因为它过于一般和模糊，使人难以思考，相反，是因为它实在过于具体和丰富，一旦把抽象思维用于存在，存在就失去了丰富的具体性，从而消灭了存在着的个人。"

人的内心是丰富的、生动的，很难用抽象的语言和概念来表达。用概念来描述内心，丰富的内心就会被肢解，丧失鲜活的特征。吐露心迹的故事看似荒诞不经，却能触碰潜意识，其中的隐喻与原型、眼泪与欢笑，恰恰是内心最真实的存在。马克·吐温说："有时候，真实比小说更加荒诞，因为虚构是在一定逻辑下进行的，而现实往往毫无逻辑可言。"我们的英雄阿尔伯特在矛盾中蕴含了厚重的生命：我们很弱小，我们很强大，我们是跛脚的英雄，活生生的人。

压进去是抑郁，哭出来是治愈

小时候我是被当成"孤狼"在接受训练。我一直被灌输：焦虑、恐惧、抑郁和无助是不应该表达出来的情绪，"男儿有泪不轻弹"。在这样的教育下，我自然而然地认为，脆弱，不属于我；男人是不应该流泪的。

在我大约 6 岁时的一个晚上，父母在市里过夜，他们漫步在百老汇大街，当时那里沿街都是卖搞笑礼品的店铺，例如几分钟内就可以伪造一份报纸，带着诸如"哈里和菲利斯莅临本市"之类的恶作剧标题。第二天早上，我就收到了一份这样的"礼物"报纸。标题上写着："斯科特·派克作为世界上最伟大的爱哭鬼正式被马戏团聘用。"

不论正确与否，这种训练是有效的。我不能说从那之后我再也没有哭过，但我却一直努力控制自己，不当着别人的面哭泣。虽然我总是被电影里老套的伤感结局所打动，但是，我会在电影院灯光亮起之前，赶紧偷偷地将眼泪擦去。最糟糕的一次发生在 19 岁时，由于我的原因与恋爱三年的女朋友分手，她不仅深深地关心过我，而且还给了我一个崭新的世界。分手后我万分痛苦，却极力控制住自己不在别人面前流泪，我一个人跑到漆黑的街道，泪水亦悄无声息流淌。从 6 岁那年直到 36 岁，即使我经历了埃克塞特、友谊学校、米德尔伯里学院、哈佛大学、哥伦比亚大学、医学院、在夏威夷实习、在旧金山定点培训、冲绳岛，最终抵达了华盛顿，我再也没有当着别人的面真正地哭过。

34 岁时，作为越南战争的反对者，我被派往华盛顿，成为军队中"内部反战"人士中的一员。起初这场反战运动令人兴奋，然而紧接着却越来越沉重。我们从未在大规模的争论中赢得胜利，在小规模的争论中也节节败退。在为数不多的胜利中，有一半的成果，也很快因为决策层变幻莫测的召回行动，或无关紧要的历史问题而付之东流。我深感厌倦。两年后，为探索国家培训实验室与军队合作的潜在可能，我被派往缅因州贝瑟尔市的国家培训实验室（NTL）总部，体验他们为期 12 天的"敏感小组"。

　　我们实验室里大约有 60 名培训生。男女人数基本相当，我们将三分之一的时间用于各种心理练习，有时作为一个整体，有时也会划分为小组。这些练习很有趣，通常也很实用且具有教育意义。但真正的收获来自所谓的"T 小组"，我们在其中花费了绝大部分的时间。实验室被分成四个 T 小组，每组除了专门的培训师之外，共有约 15 名培训生。我们的培训师是林迪，一个专业的、经验丰富的精神科医生。

　　我们这一组的 16 个人性格迥异。最开始的三天是在激烈的争执中度过的，虽不枯燥乏味，但至少是焦虑，甚至是不愉快的，很多愤怒被表达出来，偶尔还恶语相向。但第四天发生的一件事很快扭转了这一局面。突然间，我们都开始相互体谅。接着一些人哭了，一对夫妇掩面而泣。我的眼中也噙着泪水，当然，并没有让它们滑落。对于我来说，这是欢乐的泪水，我明显感到正被渐渐地接纳和治愈。尽管仍然有争执的时候，但再也没有恶语相向。我在 T 小组里感到十分安全。在这里，我可以毫不避讳地做回我自己。我再一次找到了回家的感觉。我有过各种各样的情绪，但我知道，在这段有限的时光里，我们每位组员都彼此相爱，喜悦是我所感受到的最强烈的情绪。

第十天下午，我变得很抑郁。起初，我认为是工作的紧张和疲惫造成的，试图用午睡来摆脱它。但是很快，我再也不能否认，真正困扰我的是活动即将结束。在缅因州，沐浴在爱的氛围里，这种感觉太美好了，但仅仅两天之后，这段真诚关系就会消失，我不得不重返华盛顿，开始令我厌倦的工作。我不想离开。

与此同时，当天晚些时候，我接到军队打来的电话，只不过是件小事，但在与长官交谈的过程中，我了解到我们医疗机构中晋升将军的人选已经敲定，我最喜欢的上校落选了，他是个十分有远见的人，在某些方面给予我很多指导，我曾强烈地希望他被提拔为准将，现在可以说，他的职业生涯基本结束了。取而代之的是那个机构中我最不信任的医生。于是我变得更加抑郁。

那天晚上，我是 T 小组里第一个发言的人。我告诉组员们，我感到十分抑郁，并解释了原因：我对晋升结果十分不满，同时为小组即将解散，而我将不得不返回华盛顿感到难过。当我说完的时候，其中一位成员指出："斯科蒂，你的手在发抖。"

"我的手经常会不由自主地颤抖，"我回答，"从我很小的时候就开始了。"

"你的手臂看起来很紧张，像是准备要干一架似的。"另一个人说，"你在生气吗？"

"不，我没有生气。"我回答。

我们的培训师林迪从他坐的地方站了起来，拿着他的枕头走了过来，坐在我面前，他的枕头刚好位于我俩之间。"你是精神科医生，斯科蒂，"他说，"你完全清楚抑郁通常伴随着愤怒。我怀疑你确实在生气。"

"但是我没有感觉到愤怒。"我麻木地回应道。

"我希望你能为我做点什么，"林迪温柔地说，"你可能不想这么做，但我希望你能尝试一下，我们有时会做这种叫作'击打枕头'的练习，我想让你用力击打这个枕头，我要你把这个枕头看作军队，我希望你竭尽全力用拳头猛击它，你会为我这样做吗？"

"这看起来很蠢，林迪，"我答道，"但我敬爱你，所以我愿意试试。"

我握起拳头在枕头上软弱无力地捶打了几下："这样做真的很尴尬。"

"使点劲儿。"林迪说。

我稍微加大了点力气，但它似乎耗尽了我的全部能量。

"用力，"林迪命令道，"这个枕头就是军队。你在生军队的气。击打它。"

"我不生气。"我的辩解和对枕头的击打一样乏力。

"不，你在生气，"林迪说，"现在，击打它，用力打，你在生军队的气。"

我乖乖地用力打了一下枕头，同时又说："我并不是为军队而生气，可能是因为体制，但不是军队，它只是整个体制的一小部分。"

"你在生军队的气，"林迪怒吼道，"现在，击打它。你在生气"。

我在抗议中提高了音调："我没有生气，我感到厌倦，不是生气。"

紧接着奇怪的事情发生了。伴随着虚弱，机械地击打枕头，我恍恍惚惚地不断重复："我累了，我没有生气，我告诉你，我很疲惫，我深感厌倦。"

"继续打。"林迪说。

"我不是在生气。我只是累了。你不敢相信我有多疲惫。我对这一切都厌倦无比。"泪珠开始从我的脸颊滚落。

"继续。"林迪鼓励道。

"是这个体制，"我沉吟道，"我不痛恨军队。但我不能再和这个体制对抗下去了。我太累了。我已经疲惫了太久，正因为这么久才让我感到如此厌倦。"

疲惫感以排山倒海之势席卷了我。我开始啜泣。我很清楚发生了什么，我想停下来，不想看起来像个傻瓜似的流泪，不想成为马戏团里的爱哭鬼。但这疲惫感来得太猛烈。我倾尽全力也无法克制住自己。啜泣声从我的喉咙里蹿了出来，起初顿挫沉闷，断断续续。随着疲惫感的加剧，所有失败的争论，所有白白耗费的精力，所有无谓的挣扎历历在目。我任由内心的情绪奔涌，呜咽着，抽泣着。"但我不能放弃，"我脱口而出，"必须得有人待在华盛顿，我怎么能允许自己做逃兵？必须有人愿意在这个体制内工作，我很累，但是我不能逃避。"

我的脸被泪水浸湿了，鼻涕也肆无忌惮地流了出来，可我全然不顾。此刻我倒在枕头上，林迪抱着我。其他人也走过来抱住我。透过蒙眬的泪眼，我看不清他们的脸庞。但他们是谁并不重要。我只知道我被爱着，那些唠叨的话，不争气的泪水和鼻涕，所有这一切，都被无声地接纳了。我任由回忆的浪潮将我裹挟。第一波是华盛顿：那个近一米高的大箱子，深夜写下的谈话文件，我所目睹的谎言与罪恶、自私与虚伪，还有五角大楼中，那一张张冷漠无情、麻木不仁的脸。当我敞开记忆的大门，更久远的疲惫的浪潮向我涌来：为了维系婚姻所做的努力、在急诊室里彻夜不眠的晚上、在医学院和实习期间32个小时的值班、抱着疝气痛的孩子在房间里焦急地踱步……一浪接着一浪。

我哭了半个小时，把小组中的一位女士吓坏了。"我从没见人哭成这样过，我们的社会对男人太残酷了。"她说。

我微笑着望向她，眼眶依然湿润，但已不再哭泣。此刻，我感到身体如羽毛般轻盈，长期压抑在内心的重荷荡然无存。"您要知道，我已经忍了30年。"我说。

林迪已经穿过房间回到了自己的座位上。他说："我现在要做一件我通常在这类小组中不会做的事。我想告诉你几件事情，斯科蒂。首先，我与你，我们非常相似。我不想告诉你应该怎样做，我真正想告诉你的是，我曾在一个市区内的贫民窟里工作三年后不得不离开，因此对你的感受深有体会。我曾认为留在那个贫民窟里是我对社会应尽的义务，必须有人留在那里，担负起这个责任，如果我退出了，那就是逃避，就是不负责任。但是我想你能理解，我必须走出去，否则它会将我慢慢扼杀。我想让你知道，斯科蒂，我很脆弱，不够坚强，无法再坚持下去。"

我再一次默默地流泪了，并深深地感激林迪给予我的接纳、认同与默许。尽管我并不知道在这个默许下我将会做出怎样的选择。

但时间很快给了我答案。

一个月之内，为了建立我的私人诊所，我的妻子莉莉开始和我一起找房子。劳动节的时候我们找到了合适的房子，我也递交了辞职报告。我们于 11 月 4 日离开了华盛顿，距离我第一次哭泣的那个晚上仅仅过去四个多月。

我又一次体会到了真诚关系的力量，以及它所具有的治愈的魔力，除了我所感受到的喜悦，更重要的是做自己的自由，这些经历改变了我的人生轨迹。很多人或许认为天下没有不散的筵席，在心理小组中建立起来的真诚关系毕竟是短暂的，因此，他们质疑这种所谓的治愈效果是否能持久。的确，真诚关系治疗的时间不长，但我可以负责任地告诉你，自从发生了那天晚上的事情之后，我再也不认为流泪是可耻的。而且，我现在可以真的哭出来，甚至在适当的时候痛哭流涕。在一定程度上，我的父母是正确的，我是"世界上最伟大的爱哭鬼"。

　　但是，我们需要注意，绝大多数群体并不具备治愈的能力，因为他们之间并没有建立起真诚关系，更像是乌合之众。在这样的群体中，人们不会接纳不一样的鼓声，而是热衷于排斥异己，消除不和谐的声音。这些人个性泯灭，不知道真实的自己为何物，却又认为自己无所不知，无所不能，其行为肆无忌惮，完全淹没于群体的无意识中。也可以说，正是由于他们对自己的行为缺乏意识，没有觉知，所以，才会变得冲动、易怒和可怕。

　　乌合之众对异己的排斥往往是冷酷的、凶狠的、恐怖的，就像法国大革命时期，一群人呼啸而来，残忍地杀害另一群人。而当另一群人得势之后，又会以其人之道，还治其人之身，彼此誓不两立，社会长期处于对抗与动荡之中。

　　与之不同，从友谊学校、麦克·贝吉里小组、冲绳岛的心理技术员小组和林迪的 T 小组这些群体中，我们可以看出，真诚关系是由不同类型的人组成的，每个人在其中都能被接纳和理解，并感受到人与人之间持久而无私的爱。尤其令人喜悦的是，这种关系可以复制和建立。自从确信一群截然不同的人亦能彼此建立起真诚关系，相互接纳、相互尊重之后，我从未对人类的处境彻底感到绝望。

独立与依赖

第二章

人成长的终极目标，是成为自己，
成为一个真实、完整，但又不同于他人的个体。

　　人要活出自己的特色，没有特色的人，亦如没有特色的文化，肤浅庸俗。一位名叫玛丽娜·曼内斯的女作家，曾去参观联合国的冥想室，她的描写给我留下了深刻的印象。冥想是很多文化中都具有的沉思方式。在佛教、基督教和伊斯兰教中，冥想都带有自己鲜明的特征。但为了公平起见，不冒犯或轻视任何一种文化，联合国的冥想室里没有任何特殊装饰，不会被当成是某一种独特文化中的冥想。但这样的冥想室会给人一种什么样的感受呢？

　　玛丽娜·曼内斯写道："我站在那里，一种压抑而令人不安的虚无感侵袭着我，甚至让我感到有些恍惚，仿佛置身于精神病院。"玛丽娜的感受无比真实，因为只有软垫，没有任何装饰和特色的冥想室，就像是精神病院里的房间，除了四周布置的软垫，以防止病人自残之外，屋子里一无所有，光秃秃的。之后，她写道："没有任何东西可以取悦所有人……这个房间最可怕之处在于，它没有任何特色，毫无意义。"没有活出自己特色的人，多么像这间屋子，他们想满足父母、老师、丈夫、妻子、孩子，以及其他人的要求，鲜活的生命力一天天消失，自己却变得空洞，虚弱，苍白无力。

　　人生的全部意义在于活出自己。由于自己是独一无二的，所以，活出自己，也就活出了特色。心理学家卡尔·荣格认为，**人成长的终极目标，是成为自己，成为一个真实、完整，但又不同于他人的个体。**他将这个过程称为"个体化"（individuation）。

但是，人的这个"个体化"目标不可能独自完成，更不可能在荒无人烟的沙漠中展开，必须在人与人的关系中才能得以实现。也就是说，人的"个体化"目标，需要经历一个完整的"社会化"过程，必须在个人与群体、独立与依赖、寂寞与热闹之间保持平衡，一旦失去平衡，内心倾斜，"个体化"的目标便难以实现。

独立，但不要成为局外人

正如我自己的经历，父母致力于把我培养成一个具有独立奋斗精神的人，却忽略了我的另一种需求：对人际关系的需求，对依赖的渴望。

每个人都具有两种截然相反的需求：喜欢独处，不被打扰；又渴望被看见，被理解。叔本华说："每当人远航归来，他总有故事可说。"在茫茫大海中，远航之人饱尝孤独，归来之际，急切讲述自己的故事，是渴望被大家接纳、认同和赞颂。而我们想听他们的冒险故事，或许也是因为自己的生活圈子太狭小，内心太无聊、太孤独。

"孤独"的另一个名字是"独特"，因为每个人都是独特的，所以每个人也都很孤独。

孤独的人在人与人的交流中吐露心迹，并不是想改变自己的独特之处，只希望被理解，从中获取力量，受到鼓舞。越是独特的人，越希望获得他人的理解，也越渴望与他人建立深入的关系。阿尔伯特·加缪说："我从未这般深切感觉到，我的灵魂与我之间的距离如此遥远，而我的存在却依赖于这个世界。"再独特的人，也必须进入关系，并依赖于这个世界，否则就变成了一个"局外人"。

加缪在小说《局外人》中塑造的人物形象默尔索，很独特，却没有进入关系，到死都是这个世界的局外人。他没有进入与母亲的关系，不知道母亲的年龄，也不知道母亲在养老院死亡的时间是今天，还是昨天；他不愿看母亲最后一眼，还在母亲的棺材旁抽烟，喝牛奶咖啡。一个人与母亲的关系，是生命中最重要的关系。这个关系不深入，其他关系也就很肤浅。

默尔索的恋爱关系很肤浅，当女朋友玛丽问他爱不爱她时，他回答说："这种话毫无意义。"后来，玛丽又问他愿不愿意跟她结婚，他说怎么样都行，这无关紧要。

他没有进入工作关系，与老板的关系很冷漠，老板派他到繁华的巴黎，他没有任何兴奋之情，他对巴黎的描述是："很脏。有鸽子，有黑乎乎的院子。人的皮肤是白的。"

他没有建立真正的朋友关系，他开枪杀死那个阿拉伯人，并不是为朋友两肋插刀，仅仅是因为"铙钹似的太阳扣在我的头上……我感到天旋地转。海上泛起一阵闷热的狂风，我觉得天门洞开，向下倾泻大火。我全身都绷紧了，手紧紧握住枪。枪机扳动了……"

……

由于他没有与这个世界建立深入的关系，始终是个局外人，所以，他也被这个世界荒谬地扭曲，被认为是没有灵魂、没有人性的魔鬼，最终被法庭牵强附会判决蓄意杀人，枭首示众。

在我看来，默尔索类似于神经症中的隔离型人格，这种人最明显的特征是冷漠、孤僻、不近人情，不想与任何人走得太近，与所有人都保持距离。他们希望自己不要因为爱、竞争、合作等任何原因，和别人建立起亲密的关系。他们设置了一道屏障，将自己封闭起来，谁都无法进入。虽然在表面上，他们还是能和人正常相处，但是，一旦有人想越过屏障，他们就会立刻焦躁不安。但这些人同时也拥有一种能力，就是能让视角变得客观，是优秀的"旁观者"，能像观察一件艺术品一样去观察自己和他人，让自己在某方面变得超然和深刻。默尔索在枭首示众前，对断头台的描述客观超然得令人害怕，仿佛死的那个人不是他，而是别人，他说："登上断头台，仿佛升天一样，想象力有了用武之地。"

隔离型人格是孤独的局外人，没有走进关系，更不可能在关系中成为自己。他们的心，始终是封闭的。也许，只有死神才能撬开他们内心紧闭的大门。印度诗人泰戈尔说："死的泉流，使生的止水跳跃。"小说《局外人》结尾，默尔索说道："我曾以某种方式生活过，我也可以以另一种方式生活……面对充满信息与星斗的夜，我第一次向这个世界动人的冷漠敞开了心扉。"

每个人都不愿意孤独地走完人生，即使默尔索习惯了孤独，但临死前，他最后一个愿望却是："为了使我感到不那么孤独，我还希望处决我的那一天有很多人来观看。"

每个人都想活得有意义，但个人意义必须建立在对他人有意义的基础上，通过人与人的关系来实现。只对自己有意义，而对他人没有意义的事情，则毫无意义。我们必须建立关系，走进社会。绝大多数生活失败的人，无论是神经症患者、罪犯、酗酒者、自杀者，都是因为没有完成"社会化"过程，不能处理好人与人之间的关系，他们是独立奋斗的"孤狼"，无法通过与人合作来解决自身的问题。

默尔索的生命是荒诞的，没有多少意义，因为他没有投入地去爱一个人，没有投入地去做一件事情，没有与他人建立深入的关系，只活在自己内心的孤独中。但阿尔伯特·加缪将他的生命展现出来，让亿万读者能够深入隔离型人格幽深、荒诞、孤独和冷漠的内心世界，则具有了深远的意义。

冷漠，是病态的独立

独立，减少了对他人的依赖，势必伴随孤独。

孤独，虽然令人痛苦，但有时候却可以让我们走向内心的深处，看见真实的自我。

在英语中，"孤独"（alone）一词，最初是发源于"all"和"one"这两个词的组合。"one"指一个人独处，形单影只，而"all"则是指完整、全部和所有。也就是说，孤独是一条由"独处"通向"完整"的路。当感情受伤后，我们在独处中可以尽快恢复。更重要的是，在喧嚣的人群中，人会追逐一些令人眼花缭乱的东西，不仅让内心陷入分裂和冲突，也忽视了真实的想法和需求。当一个人独处时，那些平时被隐藏的想法、记忆和情绪，都会慢慢浮现在意识中。梭罗在瓦尔登湖边，远离人群，一个人独处，看碧波荡漾的湖水，看夕阳的余晖，听麻雀叽叽喳喳飞过屋檐，正是在孤独中，他回归内心，获得启示和指引，找到了完整的自我，并具有了更高层次的力量。这就是追求独处的意义所在。

然而，任何事情都不能走极端，如果我们将独立推向极端，处于彻底的孤立状态中，不相信任何人，也不求助任何人，对任何人都封锁思想和情感，那么这种孤独，就是病态的，冷漠的。换言之，这是心灵的死亡，难以救疗。

《局外人》中的默尔索就是"病态独立"的典型，他封闭了自己情感的大门，对亲情、爱情和友情都不在乎，认为一切事情都无所谓，超然世外，连死也不争辩——因为这个世界与他无关，所以他对这个世界也没有太多留恋。

冷漠，是"病态独立"之人最重要的特征之一，虚构的默尔索在冷漠中被人推上了断头台。但在现实中，我所接触到的"病态独立"之人，当他们将独立推向冷漠之后，往往会表现出抑郁的症状，以及对生命深深的绝望，其行为甚至比小说还要荒诞。

45 岁的霍华德，是一家全国连锁企业的副总裁，在一个寒冷的冬天，深夜两点时，他走进了住家附近的警察局，承认自己杀了一个人。他没有说自己杀了谁，也没有说是怎么处置尸体的，只是不断地重复："我需要被关起来，像我这样的人需要坐牢。"最后他不情愿地将家庭地址、电话，以及妻子的姓名告诉警察。警察通知他妻子，而他妻子根本不知道霍华德从家中溜了出来。来到警察局后，她承认丈夫最近一周睡眠很不好。天亮之后，警察护送他们夫妻来到医院，然后医院找到了我。

穿上西装，打上领带后，霍华德俨然就是一位企业主管的形象，更准确地说，是一个冷漠的主管。见到我后，他改变了说法："也许我没有杀人，只是一种感觉。我不知道为什么。我想我得了精神病，不应该坐牢，应该被送进精神病院。"

我感到一阵轻松，因为他已愿意住院，就不用我多费口舌了。显而易见，霍华德患有严重的抑郁神经症，以至于强烈到使他失去了现实感。由于霍华德与他妻子都说不出导致抑郁的原因，我只能给他开了一些抗抑郁的药。同时，也感到困惑，霍华德过去没有患过心理疾病，家族中也没有精神疾病史，为什么他会莫名其妙地承认自己犯下谋杀呢？霍华德似乎渴望被惩罚，那象征着某种罪恶感，或病态的羞愧。我很快得知他出生于一个贫苦家庭，有一个小他两岁的弟弟，是个偶尔才有工作的建筑工人。霍华德能从毫无资源可以利用的家庭中单枪匹马杀出来，成为副总裁，必然具备顽强的独立奋斗精神，也就是说，他是又一匹杰出的"孤狼"。而"孤狼"在独立奋斗的过程中，绝大多数都会不管不顾，不惜踩着别人的肩膀往上爬。但要做到这样，就必须封闭内心，扼杀自己的同情、软弱和仁慈，以至于把"独立"演变成"冷漠"。不过，人的内心是永远无法被彻底封闭的，它不能以正常的方式呈现，就会以非正常的方式爆发。我猜测，霍华德之所以去警察局声称自己杀了人，或许就是因为他曾违背良心做了一些事情，有一种罪恶感，或许他看不起弟弟，恨不能让他消失，或许在某次竞争中，他曾想杀死对方，但这并不代表他真的杀了人。

　　但这一切都只是我的臆测。因为他的防备太严密，什么都不肯透露，不管我多么努力，也无法从霍华德身上得到任何情绪或心理因素的背景。他对我的问题含糊其辞，我仿佛在对一块顽石进行心理治疗。

　　由于无法从霍华德身上套出任何话，我试图从他妻子那里得到比较完整的情绪背景。他妻子一点也不抑郁，却比霍华德还要守口如瓶。更令人惊讶的是，她与霍华德一样，是个几乎没有情绪的机械人，对霍华德也不是特别关心。我从来没有见过比她还冷淡的人，她的智商可能很高，但在情绪上却是个低能儿。娶这样一位冷淡的女人为妻，我真的不知是何滋味？我很好奇，也许她正是霍华德需要的妻子，如果我娶了她，我会觉得自己陷入一个可怕的深井。难道霍华德的杀气是针对她而发？真的是如此吗？我不知道，我只知道如果无法逃离这个深井，我迟早也会发疯。尽管如此，霍华德和他妻子都坚持声称他们的婚姻"还不错"。

经过三个礼拜的住院治疗、心理咨询以及最先进的抗郁药物，霍华德的抑郁症仍然毫无改善。他深信自己将被公司开除，即使上司向他保证绝无此事，他还是不相信。我把霍华德转给医院中另一位擅长电疗的医生。这是我从事住院心理医生的十年生涯中，唯一建议此种疗法的病例。我对霍华德解释，没人了解电疗的真正原理，但对于像他这样的病人，半数对电疗有神奇的反应。我告诉他，电疗是很人道的治疗，都是在短暂的全身麻醉下进行。他勉强同意了。

电疗是在每隔一天的早上进行。当霍华德第三次从治疗中醒过来时，他的抑郁已经消失了。从我见到他的一个多月以来，他首次露出了微笑。我们又给了他三次治疗，以确保他真的复原了。

我希望他的改善能让他接受有意义的心理治疗，但是没有。尽管霍华德现在面露微笑，急着要回去工作，但他仍然像以前一样充满防卫，像他妻子一样疏离、冷淡和冷漠。他的头脑十分清醒。我告诉他，他的心理疾病很可能会复发，等他出院后，我必须继续密切观察他至少数个月。但就算复发，我向他保证不会很严重。通常只要接受一次电疗就可以解决，而且不用住院，有时候我们甚至每月都会像这样治疗病人一次。他了解我的意思，对于前景没有透露丝毫担忧，事实上，我看不到他任何的内心活动，他给我的感觉是一种可怕的冷漠。

有两件事让我不放心，一是霍华德当天晚上到警局承认妄想的谋杀，似乎是因为有罪恶感，要寻求惩罚。虽然没有任何证据，我仍怀疑电疗对于某些病人有效，因为它象征了一种惩罚。我轻描淡写地问霍华德，他说："惩罚？见鬼！电疗拯救了我。"

另一件让我不放心的事，是霍华德始终不愿意或无法配合心理治疗，不愿向我呈现内心，不愿意讲述心中的秘密。不管是悲伤的童年，还是其他痛苦的经历，这些秘密长期被封闭，就会变成心灵的毒药。心理治疗之所以能够起作用，就在于心理医生能够与病人建立关系，通过倾听，让他们不再于孤单中徘徊，不再于沉默中吞咽自己的烦恼。当病人讲出藏在心中的秘密，就能从孤独和冷漠中走出来，开始治愈。但是，霍华德一直对我三缄其口，所以，我对他的康复不乐观，却又无能为力，只能让他出院，并约好一周后碰面。我不知道抗郁药物是否对他有帮助，但还是继续让他服用，作为某种保障。

一周后见到霍华德时，他似乎很好，正如我所料，他说："我真高兴回去工作。"而这是他最接近心理治疗的表达。我表示想要在一周后再见他，但他坚持要出差开会，无法脱身，继续对我封闭内心。我屈服了，约好两周后见面。

会面前一天，霍华德打电话给我说他又要出差了，感觉仍然很好，听起来也是如此。我们重新约好下周见面。我打电话给药房，让他可以补充抗抑郁药物。

霍华德下一次又失约。我打电话给他。他在家，只说忘记了，但声音让我感到担忧。我约好了三天后见他，他答应会赴约，我请他妻子来听电话，她说她不认为霍华德抑郁，但她同意要设法让霍华德赴约，并说会陪他一起来。

但是三天后他们没有出现。我等了他们十五分钟，正准备打电话告诉他我晚上要去拜访时，电话响了，是霍华德的妻子："霍华德今天无法赴约了。"

"为什么不能？"

"因为他刚刚给自己脑袋开了一枪。"

"喔，天呀！"我叫道，"他还好吗？"

"不好，"她以一贯冷淡的语气说，"救护车已经来了，他死了。"

一周后我打电话致哀，她以同样冷淡的口吻告诉我，警方发现霍华德在他与我最后一次通话的下午，就去买了手枪与子弹。当她准备陪他来看我的二十分钟前，她对他说："亲爱的，我们必须出发去见派克医生了。"

霍华德说他必须上一下厕所。"他就在厕所里动手，不到一分钟我就听到了枪声。"她冷静地陈述，我听不出她有任何悲伤、悔恨和痛苦的情绪反应。

霍华德的自杀时间说明，他极力逃避再见到我，不愿意向我，甚至世界上任何一个人敞开心扉，说出心中的秘密。不过，尽管我没有从他口中得到任何东西，但他的心灵轨迹似乎又相对清晰——他从无依无靠的家庭中作为一匹"孤狼"杀出一条血路，在这个过程中，他由独立变得孤独，又在孤独中将通往内心的大门封死，变得冷漠——不仅对别人冷漠，而且对自己更冷漠。霍华德的自杀再一次证明：如果不呈现内心，就将被摧毁。

控制，是病态的依赖

　　每个人都需要依赖他人，这是人类美好情感的基础，诸如亲情、友情和爱情等，构成了我们生命中最刻骨铭心，同时也是最丰富、最温暖的情感。如果像霍华德那样封闭内心，即使与妻子的关系也冷漠得如同冰窖——他半夜从家中溜出来跑到警察局，妻子不知道，他抑郁得快自杀了，妻子也一点没察觉。本该是最亲密的关系，却如此缺乏关怀和温暖，这样的生活就如同地狱，早晚会把人逼疯。不过，物极必反，虽然我们需要依赖他人，但如果过度依赖，也会变成一种病态。

　　正常的依赖是：我有我的空间，你有你的空间，我们相互依赖，相互关心，却又彼此独立。对于这种状态，纪伯伦用诗歌描绘道：

　　　不管你们多么相依相伴
　　　彼此之间都要留出间隙
　　　让回旋在空中的风在间隙中舞动。

爱一个人不等于用爱把对方束缚起来

爱的最高境界就像你们灵魂两岸之间一片流动的海洋。

彼此依赖，但同时保持独立；相互关心，同时为自己负责。这样的关系在独立与依赖的平衡中能充分将生命展开。相反，不正常的依赖是过度依赖别人，具有一种寄生心理，失去了自己的独立。"消极性依赖人格"就属于这类。由于这些人在童年时，没有获得父母足够的关心和爱，一直处在孤独和寂寞之中，所以，成人之后，他们会过度依赖别人，把自己的希望、幸福和未来都寄托在别人身上。似乎没有别人，自己就不能活一样，他们过度依赖丈夫、妻子、男朋友、女朋友，甚至亲戚和同事。他们用过度依赖作为武器，让孤独不靠近自己，却不愿意深入内心，去触碰孤独的根源。从这一点来看，过度依赖就是内心的逃亡。这些人即使结婚生子，生活已经大踏步向前，但心理依然滞留在童年的创伤中。换言之，他们没有把过去留在过去，而是带到了现在，甚至还将带向未来，穷其一生都在寻求童年缺失的爱。

过度依赖，还有一种表现形式，是过度控制。

过度控制的人，必然有一个控制对象，这个对象依赖他们，但同时他们也依赖这个被控制的对象。如果被控制的对象脱离了控制，他们就会没着没落，内心充满焦虑和恐惧。

一位名叫格雷的人，带着他 17 岁的女儿来接受心理治疗。

他女儿患有中度的抑郁症。原本是治疗女儿的问题，但在咨询时，我却意外发现父亲格雷患有焦虑症，具体表现为他对女儿过分担心。我猜测，或许正是格雷的焦虑和过分担心，才导致了女儿的抑郁。我觉得有必要与格雷单独谈一谈。

"看得出，你很爱女儿。"我说。

"是的，女儿马上就要上大学了，又患上了抑郁症，我真是替她操碎了心。"格雷说。

"除了她有些抑郁外，你还担心什么？"我问。

"过去我担心她的安全，害怕她在上学的路上出什么意外，或者在学校遭到霸凌，现在又要担心她的这个病，还担心她无法上大学……唉，培养一个孩子真不容易。"格雷有些动情地说。

"格雷，我不能否认，你的担心里面有很多爱的成分，但过分担心的那一部分并不是爱。"我不得不向他解释，"爱最重要的特征之一，就是能够让双方的心灵都获得成长。"

"难道我担心她，不是爱她的表现吗？"格雷有些惊讶。

"恐怕你的过分担心不仅不能让她的心灵自由成长，也会让你自己焦虑不安。"我说。

在心理治疗中，心理医生会遇到一种人，他们具有很强的自我觉察力，稍微一提醒，便能觉察到自己的问题，而格雷就属于这样的人。他憬然有悟，承认有焦虑的问题，说自己脑海中常出现一些灾难性场景，比如女儿被霸凌，或遭遇车祸等。这些灾难性的想法让他寝食难安，经常失眠，并竭尽全力想让女儿处于绝对安全的环境中。

"格雷，我也有女儿，作为父亲，我们都知道，无论如何爱女儿，我们都不是她们，无法替她们生病，替她们上大学，替她们成长，我们必须放手，让她们自己成长。如果总是过分担心她们，我们的担心就会摧毁她们的自信，压缩她们成长的空间，让她们感到沮丧和压抑，最终她们就会把累积的情绪以抑郁症的方式表现出来。"我说。

"派克医生，你的意思是说，要治好女儿的抑郁症，我必须先克服自己的焦虑。"格雷说。

由于格雷深爱女儿，愿意为她做出改变，所以，他主动请求我治疗他的焦虑，一周两次。从表面上看，格雷的担心里面有很大一部分是想替女儿掌控生活，这是一种善意的控制欲。但在这种控制欲后面，更加隐蔽的动机，是对女儿的依赖。格雷不愿意放手，是因为他依赖女儿的依赖，没有女儿的依赖，他就感到焦虑不安。他把生命紧紧依附在女儿的身上，不仅干扰了女儿的成长，也失去了自己的生活。随着治疗的深入，我与格雷还发现了一个隐蔽得更深的动机，那就是格雷之所以依赖女儿的依赖，是因为他本身缺乏安全感，这源于他九个月时的一次悲惨经历。一般来说，孩子在九个月大的时候，随着自我意识的产生，开始有了焦虑的情绪，比如害怕妈妈离开，妈妈一离开，孩子就焦虑不安，哭着找妈妈。格雷的妈妈正好在他九个月大的时候生病去世，永远离开了他，他不愿意妈妈离开，却没有办法留住妈妈，这让他在潜意识中充满了愤怒和恐惧，即使长大成人，结婚并有了女儿，那种巨大的不安全感早已深入骨髓，他想把最亲的人牢牢抓住，不让她们离开，因为亲人的离开，会让他感受母亲离开时的恐惧和痛苦。我对格雷的治疗非常顺利，由于挖掘出了这些隐藏的秘密之后，格雷终于意识到他将母亲去世给他造成的恐惧和不安全感，转移到了女儿身上。在女儿即将离家上大学之际，他感受到的分离焦虑和痛苦，更多是源自 9 个月时潜意识中的记忆。当格雷把隐藏在潜意识中的焦虑和恐惧呈现出来之后，他也就逐渐放弃了对女儿的过分担心和焦虑，而女儿的抑郁症也很快痊愈了。格雷把女儿的生活交给了女儿，同时也有了自己的生活，他与女儿都彻底摆脱了病态的依赖。

依赖，但不要成为乌合之众

所有人都渴望能主宰自己的命运，渴望独立，不被他人所牵制和左右。但同时，我们又是天生的群居动物，怕被疏离，怕被排斥，怕孤单，怕没有人可以依赖。事实上，生命宛如一个钟摆，一端是独立，另一端是依赖。我们要做的，是在这两极的摆动中，保持平衡。

为了满足依赖需求，人需要与他人建立关系，这会给我们带来诸多好处：一、可以更好地维持生计；二、在他人的陪伴下，消除孤独；三、让生活更有意义。

有意义的生活从来都不是用玻璃罩将自己罩起来，毫发无损地在孤独中逃避现实，而是接近现实，走进关系，成为亲人依靠的肩膀，朋友的一束光，以及社会的中流砥柱。

但是，由于所有人都是带刺的，走进人群，并不是一件轻松的事情，不可避免会被刺伤，而那些大胆暴露自己的人，则总是遍体鳞伤。萨特那句名言——"他人即地狱"，恰如其分诠释了这一不争的事实。在关系中受伤之后，绝大多数人都会选择两条路：一是封闭自己，走向孤独；一是削掉自己的棱角，以及独特之处，以失去自我的方式融入关系。

在后一种情况中，由于个体的差异被淡化，个性被削弱，同质淹没了异质，情绪吞噬了理智，所以，人会变得圆滑、虚伪，以及随波逐流。这样的群体，就是令人畏惧的"乌合之众"。

"冷漠"把"独立"推向极端，是一种变态，而乌合之众把"依赖"推向极端，同样是一种变态。它是以一种变态的方式满足人的依赖需求。**由于丧失了人的独立性和个人意志，乌合之众是一个充满奴性的群体。在这样的群体中，人的大脑活动逐渐消失，脊髓活动却十分活跃，很容易被人蛊惑和利用，具有强烈的破坏性。**

狂热和暴力，是乌合之众最重要的两个特征。法国大革命时期，从巴黎到马赛，从里昂到图卢兹，到处都是狂热的人群，到处也都弥漫着恐怖的暴力。人们用暴力消除异己，成千上万人被送上断头台，更多的人被关进了监狱。罗伯斯庇尔是

大革命时期最重要的领袖之一，他原本是一个人道主义者，反
对死刑，但后来，在群情激昂的人群中，他自己也被传染，并
高呼："将恐怖进行到底。"

　　用暴力，肯定能得到激情，却得不到美好的结局。古斯塔
夫·勒庞说："没有什么比群体的思想更多变了，同样也没有什
么能比群体更容易盲从，昨天还赞不绝口的事情，今天便会破
口大骂。"

　　乌合之众的狂热和暴力是无意识的、盲目的、冲动的，如
同诡异的狂风，会随时转变方向。罗伯斯庇尔成功地将无数持
不同政见者送上断头台，包括同伴丹东。而一年前，丹东煽动
起的群体则处死了国王路易十六。也许，只有当丹东自己走向
断头台时，才终于看清了乌合之众非理性的本质，以及它可怕
的轮回，于是他预言罗伯斯庇尔的命运："下一个就是你。"

　　正如丹东预言的那样，不久，罗伯斯庇尔就在人群潮水般
的怒吼和诅咒中，被推上了断头台。罗伯斯庇尔死后，有人给
他写了这样的墓志铭："过往的人啊！不要为我的死悲伤，如果
我活着，你们就得死。"

　　用愤怒，得到愤怒；用暴力，得到暴力；用恐怖，得到恐
怖——这是千百年来被无数事实验证过的因果轮回。面对这真
理般的因果轮回，叔本华悲观地认为，处理人与人的关系，只
有两种方式：要么孤独，要么庸俗。

　　叔本华所说的"庸俗"，就是盲从，随俗沉浮，也可以理
解为乌合之众，即，变态地去满足人的依赖需求。但就像独立

不一定成为局外人，依赖也不一定会成为乌合之众一样，我们还有第三种选择，那就是在人与人之间建立起真诚关系。在这种关系中，我们既可以凝听不一样的鼓声，满足对独立的需求，也可以相互接纳，相互欣赏，满足人们正常的依赖需求。

人性的阴影与真诚关系

第三章

> 每个圣人都有不可告人的过去，
> 每个人罪人都有洁白无瑕的未来。

The Different Drum

　　几年前，在一次心理医生年会上，一位同行问我："斯科特，你所说的真诚关系是建立在什么基础之上？"

　　听到这个问题，我脑海里马上闪现出在冲绳建立心理小组的情形。十多年前，我们十几个人之所以成功建立起真诚关系，或许源于这样一个事实：生命是脆弱的，我们是跛脚的，残疾的我们都渴望获得情感上的寄托，缓解心中的孤独和苦闷。

　　于是我回答说："真诚关系可能并不是建立在人性的光明面之上，而是扎根于人性的阴影之中。"

　　孤独、脆弱、苦闷、空虚、抑郁、焦虑、沮丧、绝望等，这些人性的阴影，如同阴暗、潮湿、肮脏却又肥沃的土地，真诚关系的种子正是在这里落地生根，并在人与人的关系中开出了真实、鲜艳、动人的花朵。

　　对于这一解释，也许人们会感到惊讶：真诚关系这么美妙，难以想象它会建立在如此肮脏的土壤上。其实，不必惊讶，因为人类本身就不是诞生于一尘不染中。东西方的神话都有这样的记载：人是由黏稠的泥土捏成的，并不是从光芒和火焰中降生的。这些神话说明：我们都是泥土的孩子，从来不是六根清净，纯洁无瑕的，渗透了人性的阴影。

　　如果说神话中有太多虚构的成分，那么，婴儿在屎尿中出生，并成长，则是一个不容置辩的事实。而弗洛伊德的说法则更是惊世骇俗，他说男性的生殖器，既具有排尿功能，也具备性功能，所以，"人类于屎尿中诞生"这一事实，无论怎么美化，都无法改变。

正如许多美好的东西，都有一个丑陋的源头一样，能够给人带来光明的真诚关系，也是源于人性的阴影。在很大程度上，真诚关系是一个接纳阴影的群体，而阴影被接纳，被看见，穿越阴影，就是光明。

每个人都有阴影，所以每个人都需要以不同的形式与他人建立广泛意义上的真诚关系。一个人即使掉进阴沟里，依然有仰望星空的权利。或许，著名作家王尔德在狱中写的这段话，可以用来诠释真诚关系：

世人皆喜爱圣徒，因为圣徒最接近神的完美。而耶稣以他包容的本性，一直喜爱罪人，因为罪人最接近人的完整。他最大的愿望不是改造人们，更不是终结人们的苦难……他以世人无法理解的方式，把罪行与苦难视为美丽神圣的事物、一种完整的形式。

当王尔德以同性恋的罪名深陷牢狱之后，很多好友都弃他而去，这让他对人性的阴影有着剥肤之痛。在痛苦中，他说"罪人最接近人的完整"。一个完整的人是由阴影与光明构成的。**每个圣人都有不可告人的过去，每个人罪人都有洁白无瑕的未来。**王尔德赞美耶稣的包容，是因为他把阴影视为是人的一种完整的表现形式。的确如王尔德所说，虽然黑暗是阴影永远的属性，但光明却与它同处一室；一旦离开了"恶"，也就没有了真正的"善"。所以，以包容之心，不改造人们，不终结人们的苦难，而是容纳人性的对立面，是人唯一能做的事情，而这也正是真诚关系的精髓。

不过，我认为，真诚关系更像是一个"淬炼"的容器。人性的阴影是生命中最厚重的一部分，如果不经过淬炼，会让我们不堪重负，饱受情感的折磨，甚至腐蚀生命。在真诚关系中，人们可以将内心那些潮湿、阴暗、黏稠的沉淀物，诸如嫉妒与憎恨、空虚与苦闷、焦虑与恐惧等，作为原材料，放置进真诚关系这个特殊的容器里，让它们摩擦、碰撞、升华。在淬炼中，我们把嫉妒与憎恨，升华为了生命的张力；把空虚与苦闷，演变成为对生命意义的追寻；而从焦虑和恐惧中，我们提炼出了勇气。

真实的生命，犹如蝴蝶的羽翼

对于人性的阴影，绝大多数人要么讳莫如深，要么望而生畏，要么想要斩草除根，而对于人性光明的一面，人们总是青睐有加，不惜赞美之词。在不知不觉中，大家似乎忘记了一个根本性的常识：没有阴影，就没有光明。

阴影与光明，皆是真实的生命，密不可分。抹杀阴影，也就抹杀了光明。那些整天吹嘘自己拥有正能量，而没有阴影的人，或许只有两种可能：不是活得浅薄，就是活得虚伪。

光明始终伴随阴影，正能量始终伴随负能量……真实的生命犹如蝴蝶的翅膀，会呈现出 180 度的对折，在光明与阴影，成功与失败，希望与绝望，独立与依赖之间折叠交替，表面水火不容，冲突不断，实质上却在这种对立和冲突中，舞动出了生命的完整。

上一章讨论的"独立与依赖"，就是一种对立的关系，我们不能片面追求一面，而压抑另一面。压抑另一面，就如同剪掉蝴蝶一边的翅膀，生命必将失去平衡。

一位名叫格丽丝的女士前来寻求心理治疗，她说她陷入了痛苦之中，无法自拔，原因是过于依赖别人，想让我帮她克服。我仔细倾听她说的每一句话，以便分清她所说的"依赖"是每个人都具有的正常依赖，还是一种消极性依赖人格障碍。

"为什么依赖别人会让你感到痛苦呢？"我问。

"因为它让我感到十分软弱、无力，我应该保持独立。"她回答。

"可是，我们每个人都有依赖别人的需求，不是吗？我还从来没见过一个不需要依赖别人的人。"

"过分依赖总不是一件好事，不仅拖累别人，也会让我觉得一无是处，并为此感到羞愧。"她说。

"这么说来，或许经常有人指出你有过分依赖的问题了？"

"那倒不是，没有人指出来。"

"那么，你依据什么判断你的依赖属于过分依赖呢？"我又问。

"我是凭感觉，觉得自己过分依赖别人。"

……

经过深入的交谈，我发现格丽丝深受"孤狼"习性的影响，她心目中坚守一个顽固的信条：独立是正确的，依赖是错误的。每当产生依赖的心理需求时，她都会觉得不安，并竭力将这种感觉排挤出去，但由于依赖本身就是内心深处的渴望，所以，她越排挤，这种感觉越强烈，以至于她将正常的依赖当成了病态。

独立和依赖，是两种彼此矛盾的心理需求，它们就如同蝴蝶对折的翅膀，缺一不可，却又必须保持平衡。婴儿不依赖妈妈，就无法活下来。孩子不依赖父母，就不可能走向独立。母亲用乳汁喂养婴儿，亲吻、抚摸婴儿，与婴儿形影不离，既是满足婴儿的生理需求，也是满足他们在心理上对依赖的需求。这种依赖与被依赖的关系是母亲与婴儿之间的心理脐带，失去它，所有爱都无法有效传递和反馈。当婴儿逐渐长大，父母抽时间陪伴孩子，与他们一起做游戏，倾听他们，帮助他们，也是在满足他们的依赖需求。只有依赖需求获得充分满足之后，孩子才能健康地走上独立的"个体化"道路。如果依赖需求没有被满足，孩子会从骨子里感到孤独、焦虑和恐惧，而这种最原始的感受，常尾随至成年，甚至到生命结束。诗人西尔维娅·普拉斯在《爸爸》这首诗中写道：

你不要，你不要做

再也不做，黑色的鞋子

我像只脚，住在里面

已经三十年，贫困又苍白，

我不敢呼吸也不敢打喷嚏。

……

被忽视的孩子，由于依赖的需求没有获得满足，他们就像住在黑色的鞋子里，倍感孤独和恐惧，即使到了 30 岁，生命也没有迈出前行的脚步。当然，不止在婴儿与童年时期，人一生都需要在独立与依赖之间寻求平衡，不能从一个极端走向另一个极端。任何极端，都会引起混乱，让生命之舟翻船。如果一味地依赖别人，感觉离开别人自己也没法活，这就是一种消极性依赖人格障碍。同样，如果像格丽丝这样，排斥正常的依赖需求，也会出现问题。在我看来，格丽丝的确有问题，不过，她的问题不是过分依赖，而是想要过分独立。但她所说的独立并非真实的存在，只存在于她的信条中。也可以说，她生活在信条中，而不是生活在生活里。一般来说，当一个人极力排斥自己内心的某些情绪和感受，拒绝将它们视为自己本性的一部分时，就如同折断心灵之蝶的一只翅膀，势必失去重心，陷入痛苦的挣扎之中。

看着面容憔悴的格丽丝，我脑海中始终无法摆脱一个意象：一只断掉翅膀的蝴蝶，再也不能翩翩起舞，她痛苦地倒在地上扑腾，挣扎。

对于格丽丝来说，要想重新恢复活力，重新飞起来，或许最有效的方法，就是拥抱内心的脆弱感，无助感，以及阴影感，承认依赖是自己正常的需求，修复被折断的羽翼。

人们都是通过愚蠢的行为建立友谊的

蝴蝶飘忽不定，是因为它们有一双对折的翅膀，而人性之所以复杂，也是因为我们总是在光明与阴影之间交替。

有这样一个故事——

一位牧师问孩子们："如果世界上的好人都是红色的，坏人都是黑色的，那你们会是什么颜色的？"

一个小孩歪着头，认真想了好一会儿，然后满脸兴奋地回答："我是花色的。"

所有人都是红与黑、明与暗的混合体，有神性的一面，也有神经症的一面。人类学家欧内斯特说："人是满口胡言乱语的神。"每当我面对眼含泪水的患者，倾听他们内心的痛苦时，我不会忘记他们有神性的一面，相信他们总有一天会走出困境。同样，每当遇到一个自命不凡的人时，我也会想到人有"胡言乱语"的一面。

不过，相比而言，我更喜欢那些敢于暴露自身阴影的人，他们的真诚和勇敢，总是令我感动和钦佩，也让我认识到，一个人最有特色的地方，往往并不是在他的光明中，更多是在他的阴影，以及对阴影的反应里。没有人完全光明，也没有人会彻底淹没于阴影。

但遗憾的是，人们总是陷入非黑即白，非好即坏的简单思维之中，抹杀了人性充满悖论的事实，盲目追求可望而不可即的"极致"。与此同时，一些心理医生也认为，心理治疗，就是把病人从烦恼和痛苦中解脱出来，而看不见这些烦恼和痛苦，也是人之为人的标志。正如阴影中隐藏着光明一样，烦恼中也蕴藏着力量，痛苦中也包裹着智慧。纪伯伦说：

> 痛苦是智慧的外壳破碎了。
> 然而，就像果核必须破裂，
> 暴露于阳光下才能生长，
> 我们也必须经历痛苦。
> ……

心理治疗，不是为了逃避烦恼和痛苦，而是为了从中获得智慧和力量。相反，一味回避阴影，不会让我们变得光明，只会让我们远离真实，变得虚伪，并在虚伪中变得越来越虚弱。幸运的是，只要我们勇敢地走进阴影，并真正接纳了它们，我们就能看见自己真实的需求，以及一直被忽视或者被扭曲的能量，并惊喜地发现：这些负面的能量自有其存在的道理。

人性的悖论之一：越是被认为"不好"的东西，往往越有价值。

正如前面的格丽丝，她认为脆弱和无力是"不好"的东西，想要剔除，但这些东西恰恰是真诚关系的种子，可以在人与人的关系中开花结果。格丽丝经过几次治疗之后，并没有太大起色，我建议她参加一次建立真诚关系的活动。在群体活动中，当大多数成员敞开心扉，吐露内心的时候，我看到她依然坐在一个角落里，沉默不语。当大家彼此拥抱时，有人走过去想要拥抱她，她却躲闪开来。我猜测，她很可能还不习惯在如此公开的场合表达感情，她的心理防线还没有彻底被突破。后来，随着整个群体进入真诚关系，格丽丝的心理防线终于坍塌了。她眼中噙着泪水，从椅子上站起来，平静地对大家说："斯科特建议我来参加这个活动，开始我有些犹豫，来到这里时，我真的有点后悔，我发现要在这么多人面前暴露自己的脆弱，看起来好傻，好愚蠢。但现在，我不再这样认为了。我感觉身上那层厚重的外壳开始破碎了，我突然意识到，自己就像一只破壳而出的小鸡，将获得新的生命。我浑身轻松，充满了活力。"

诚然，在从来没有经历过的人看来，我们这群人似乎真的很愚蠢，彼此性格不同，肤色不同，大多数人也不相识，可是我们却坐在一起，相互倾诉，相互倾听，一同欢笑，一同流泪，如同亲人一般。这不禁让我想起了伊拉斯谟在《愚人颂》中的一句话：人们都是通过愚蠢的行为建立友谊的。

唯有愚蠢，不再矜持地维护自己的软肋，不再聪明地将自己的阴影包裹起来，不再傲慢地认为自己神通广大、无所不能，我们才能将真实的自己暴露给别人，并与他人建立起真诚关系。就像我曾经在林迪心理小组经历的那样——我，一个愚蠢的男人，流着眼泪和鼻涕，倒在另一个男人怀里，放声大哭，周围还有一群人拥抱着我们。但正是这种看似愚蠢的行为加深了我与大家深厚的友谊，获得了治愈，内心更具力量。

人性就是这样复杂和神秘，呈现阴影，看似愚蠢，却能看见光明。而隐藏阴影，看似聪明，结果却是危险的、恐怖的，因为把阴影隐藏起来，不让它们进入我们的生活，它们就会像老鼠打洞一样，钻入内心的深处，反过来吞噬我们。

隐藏，其实就是压抑。我们强行压抑愤怒、脆弱、孤独、悲伤和嫉妒……这些东西便会在内心更阴暗的角落，以更狡诈，更恶毒的方式攻击我们。

我的妻子莉莉曾对我说，她的家乡有一句谚语，叫"说破无毒"，如果不刻意回避人性的阴影，努力呈现，它们就会向光明的一端转化，毒性渐渐消失，至少减弱。只有当阴影被隐藏、压抑和排斥时，它们才会以暴力的形式展示自己发达的肌肉。

我很喜欢下面这个故事——

一天，一个学生问一位犹太智者："老师，我们如何才能避免脆弱呢？"

智者回答："如果你能避免脆弱，恐怕你将陷入傲慢这一更大的罪恶。"

脆弱，作为阴影的一部分，它不是用来避免的，而是用来接纳的。一个感受不到自身脆弱的人，没有敬畏心，傲慢自大，内心无限膨胀，行为肆无忌惮，最终会滑向罪恶。

阴影，永远是生命里最有力量的那一部分，它们不能表现为创造的激情，就会表现为乌合之众的狂热；不能表现为建设的动力，就会表现为摧毁的蛮力；不能表现为善的泉流，就会表现为恶的势力。

荣格的"阴影理论"非常清晰地为我们阐释了这一点。他认为拒绝袒露自己，拒绝正视阴影，企图将那些存在于我们自身，却不被我们接纳和认可的部分，扫进潜意识的地毯下面，这是导致心理疾病的原因，也是恶的温床。

生活处处皆悖论：**越是努力掩饰无知，我们就越显得无知；越是想充当成人，我们就越表现得像个孩子；越压抑阴影，我们的表情和行为就越阴森可怖。**

因为脆弱，所以我们在一起

是阴影，而非光明；是脆弱，而非坚强，让我们聚在一起，彼此建立起真诚关系。

迄今为止，在世界范围内最庞大、最成功的真诚关系，非匿名戒酒协会莫属。从比尔·威尔森在俄亥俄州成立第一个匿名戒酒协会开始，仅两代人的时间，如今美国绝大多数地方都成立了匿名戒酒协会、饮食紊乱者援助小组、情绪紊乱者援助小组，以及其他类似的团体。

最初，匿名戒酒协会主要是帮助酗酒者戒掉对酒精的依赖，后来发现只要人与人之间建立起真诚关系，很多心理问题都能得到治愈。

几十年来，在美洲、欧洲、澳洲和亚洲的一些国家，无数脆弱、孤独、焦虑、迷茫，以及在痛苦中挣扎的人们，在这里获得了转变，重新找回了生活的意义。

匿名戒酒协会之所以取得如此巨大的成功，或许在于参加者们对于脆弱、无助和绝望，有着切肤之痛，迫切需要进入群体获得帮助。在著名的"戒酒十二步"中，第一步：

我们必须承认，在对待酒瘾的问题上，我们自己已经无能为力——它使我们的生活完全失去了控制，变得一塌糊涂。

不止酒瘾，对很多问题，我们都会感到脆弱、失败，以及绝望。但正如其他悖论一样：承认失败和绝望，是转变的唯一希望。换言之，放弃希望，才有希望；感受到无能为力，才能获得转变的机会和力量。在加入群体前，这些人曾竭尽全力想要克服自身的问题，他们与问题搏斗过，失败过，也曾在失败后，继续奋战过，挣扎过，但现在他们彻底失败了，心灰意冷，再也没有任何抵抗的力量，从头到脚浸透了脆弱和绝望。

脆弱和无能为力，会让我们感到绝望，但同时也让我们变得柔软。这是一个至暗的时刻，也是一个绝佳的机会。抓住这个机会，我们就可以敞开心扉，接纳他人对我们的帮助和爱。我们从小被教育要自强自立，似乎不应该寻求任何人的帮助，现在，我们学会开口寻求帮助，终于知道每个人都有脆弱的一面，所有人都需要他人的帮助。我们不需要借助酒精来获取力量，真正的力量就在我们心中。一念之间，一种强大的精神力量注入我们的身体和心灵。

在戒酒协会中，脆弱的人们敞开心扉，彼此倾诉内心的孤独与痛苦，焦虑与恐惧，无助与绝望。他们接纳别人，同时也被别人接纳。"你我都有问题，但这没关系"——这是成员们常说的一句话，在彼此的接纳和安慰中。每个人都清楚地看见了自己的局限和残缺，从骨子里感受到"我需要你，正如你需要我"，没有任何人可以独自面对一切。在这样的真诚关系中，自大被谦逊代替，幻想被现实接管，冲动被智慧取代。正如心理学家维克多·弗兰克所说："所谓智慧，就是知识，再加上对自身局限性的了解。"

一个很有趣的现象，在戒酒协会中，成员们几乎都能充分意识自己的脆弱和局限，他们称呼自己为"康复中的酗酒者"，而不是"前酗酒者"或"已康复的酗酒者"。从这一称号中，我们可以看到，他们对人性阴影的认识入木三分，知道诱惑无处不在，旧病随时可能复发；也知道重要的不是治愈，而是带着阴影活下去。这种谦逊的心态，把自己缩得很小，看见的世界却越来越大，越来越真实。

生活从来都不容易，健康的生活需要尽早看见自身的脆弱，以及面临的危机。不过，在心理治疗中，常会有一种棘手的心理问题，其表现形式为：在伪装下生活，在表演中度日。解决这种问题，往往需要付出极大的努力，才能让他们卸下伪装，看见真实的自己。

"看见"并不容易，很多时候，孩子就站在父母面前，父母却"看不见"，不知道孩子内心的想法和意愿，他们看见的仅仅是自己希望看见的，而不是孩子真实的样子。同样，在婚姻中，莉莉与我一起生活了 20 年，经历了无数次摩擦和碰撞，最后我才看见真实的她，她也才看见真实的我。

"看见"需要经历三个阶段：第一个阶段是知识的积累，包括我们阅读的很多书，懂得的很多人生道理；第二个阶段是生活的阅历，指我们经历的一切事，遇见的所有人；而最重要的第三个阶段，是要把知识和阅历转化为一种生命体验。不少人读了很多书，掌握了大量知识，依然过不好人生；也有不少人遭受了无数次打击，承受了很多痛苦，却领悟不到人生的真谛。之所以会出现这种情况，或许一个重要的原因就在于，他们没有将知识和阅历转化为生命体验。知识和阅历进入生命，需要经历破碎。我很喜欢下面这个故事——

一天，一个徒弟问师父："师父，你总是对我说，'要把这些话放在心上'，为什么不说'要把这些话放进心里'呢？"

师父凝视徒弟，语重心长地回答道："这是因为，我们的心原本是关闭着的，我们无法将这些话放进自己心里，只是将它们放在心上。它们就这样停在那里，直到我们的心碎了，这些话就掉了进去。"

"把这些话放在心上"是在积累知识。积累知识固然重要，但"知识"只有经过"阅历"的诠释，才能真正被理解。而被理解的知识，也只有在内心破碎的时候，才能进入心里，最后经过"淬炼"变成生命的一部分。这就是我所说的生命体验。

在我第一本书的开头有这样的文字：

人生苦难重重。

这是个伟大的真理，是世界上最伟大的真理之一。它的伟大之处在于，一旦我们领悟了这句话的真谛，就能从苦难中解脱出来，实现人生的超越。只要我们真正理解并接受了人生苦难重重的事实，那么我们就会释然，再也不会对人生的苦难耿耿于怀了。

在这段文字中，我用了"领悟"、"真正理解并接受"这样的词汇，其实说的就是生命体验。正如"成年"不是"成熟"

一样，生命体验与年龄无关，也不取决于知识的多少，一个年近花甲之人或许具备很多知识和阅历，但他可能在心理上还依赖父母，没有多少生命体验，心智成熟度也低得可怜。相反，一个年纪轻轻的人也许不具备丰富的知识和阅历，却可能获得极具价值的生命体验。

真正的领悟，不是知识的积累，也不是阅历的丰富，而是在自我破碎的过程中对生命的觉知。这种觉知不是理智上的认识，而是真真切切的感受，从头到脚，从里到外，感受到自我的破碎，以及撕心裂肺般的疼痛。这样的感受总是能给人带来巨变。长期以来，为了防御别人，我们花费了太多精力，以至于没有精力去成为自己想成为的人，离真实的自己渐行渐远。破碎，虽然痛苦，却能袒露真实的自己。在崩溃中，我们松开了紧绷的心弦，任由眼泪流淌，它让我们变得柔软，也显示出自身的脆弱，于是我们看见了自己是谁，也听到了内心的鼓声。踩着这个鼓点向前，我们的选择变得清晰、简单，自己也变得完整、纯粹，我们终于与自己的命运相见。正如马丁·布伯在《我与你》中所说："谁要是忘掉所有因由，单纯听从内心深处的声音来做决定，谁就会将身外之物甩到一旁，阔步向前：而后，这个自由之身便会与命运相遇，而命运即是他自由的倒影。"

在一起的力量

　　病人寻求心理医生的帮助，酗酒者参加戒酒协会，而我致力于建立真诚关系，皆是源于一个事实：我们因为脆弱联系在一起，而我们建立的真诚关系却具有强大的精神力量。

　　有一年，乔治·华盛顿大学邀请我去讲课，内容是"心理治疗的方法"。我之前从未任职过大学教师，也并不是个严肃的学者，为此深感不安。机缘巧合之下，我看到了一篇论文，论述的是非洲南部的桑人，以及太平洋西南边的斐济人，他们是如何进行心理治疗的。

　　我将这篇论文复印了 60 份，发给学员们，让他们在半个小时内读完，并思考 10 分钟，然后我们再坐在一起讨论，我会从中选择最有代表性的问题，谈谈自己的看法。

　　桑人和斐济人相隔千里，处于相对原始封闭的状态，相互都不了解，但他们心理治疗的方法却惊人的相似。这些学员都是心理工作者，有的是心理医生，有的是教师、护士或神职人员。我原本以为他们会对这种相似性感兴趣，并分析其中的原因。但谁知他们对我设想的问题没有丝毫兴趣，却对桑人和斐济人的治疗方法表现出深深的羡慕之情。他们羡慕那些治疗师与病人住在一起，同悲同喜；他们抱怨自己与病人之间有一道厚重的墙，将彼此隔离开来；他们尽情倾诉内心的孤独，一发而不可收拾。一位心理医生说，他每天接待很多病人，可以与病人讨论很多问题，却不能谈论自己，深感孤独。另一位教师说，他虽然有无数朋友，可以与他们坐在一起聊天喝酒，谈论橄榄球，但完全不能展开心灵与心灵之间的交流。而一位中年女心理医生却含着眼泪说，她默默忍受了十多年的孤独，就像一个流浪的人，没有归属感。

这些倾诉和倾听，并没有多少学术价值，却是一种深刻的生命体验，一种灵魂与灵魂的碰撞和交流。不知不觉，在我们60多人的这个群体中，我看见了你，你看见了我，彼此都通过对方看见了自己。也就是说，我们在没有任何心理准备的情况下，建立起了真诚关系。虽然时间很短，但我们都经历了一段不再孤独的时光，我们沉浸其中，敞开心扉，曾经凝固的情绪像冰雪一样消融，静静流淌，没有恐惧、焦虑、羞愧和孤独，只有感动与喜悦，柔软与坦诚。从那时起，我便有了一个心愿：我将把建立真诚关系作为我的工作。我相信，一个群体可以通过专门的设计建立起真诚关系。

自从经历华盛顿大学的那段时光后，一旦有机会我便会做一些尝试，努力让这种真诚关系有计划地出现在人与人的关系中。我开始频繁地组织"建立真诚关系的活动"，尽管犯过错，也遭遇了很多次失败，但最后却总结出了建立真诚关系的内部原理——

1. 一群人建立真诚关系的过程是有规律的。每当一个群体按照某些非常明确的规则运作，它就会成为一个真诚共同体。

2. "沟通"（communicate）和"共同体"（community）这两个词虽然分属动词和名词，但来源于同一个词根。良好的沟通是建立真诚关系的基本原则。由于人们并不是生来就知道如何有效的沟通，所以，他们对于建立真诚关系的规则一无所知。

3. 在某些情况下，人们可能会在不知不觉中误打误撞地遵守了真诚关系的规则，由于这个过程是无意识的，所以人们不会有意识地学习这些规则，因此立刻就忘了该如何去重新实践。

4. 建立真诚关系的规则是相对简单的，可以通过学习获得，并在以后的日子里进行实践。

5. 学习可以是被动的，也可以是体验式的。体验式学习要求更高，但效果也会更好。与其他很多事情一样，从实践中学习能迅速掌握沟通的技巧，也能尽快掌握建立真诚关系必须遵循的规则。

6. 绝大多数人都有能力学会沟通的技巧，也能掌握建立真诚关系的原则，换句话说，如果一个群体中的成员明确知道应该怎么做，几乎所有的群体都可以建立起真诚关系。

我之所以能够总结出上面几点，是因为自华盛顿大学不经意获得的经验之后，我已经成功组织了20次建立真诚关系的活动。尽管每一次都经历了困难的时刻，但是最终都无一例外地获得了成功。这一成功与我的独特个性并没有必然的联系，虽然并非每个人都能成为建立真诚关系的组织者，但很多接受过培训的人不仅取得了相似的成功，也已经开始培训其他人。

在下面的章节，我将介绍真诚关系的七个特征。

真诚关系的七个特征

第四章

建立真诚关系比
治疗更重要。

The Different Drum

自从经历了友谊学校、麦克·贝吉里心理小组、冲绳岛心理小组，以及林迪心理小组之后，我对真诚关系的渴望越来越强烈。我渴望在日常生活中，比如夫妻关系、父母与孩子的关系、朋友关系、同事关系，甚至在更大的范围内，可以建立起真诚关系。我将这种关系称之为"共同体"（Community）。我所说的"共同体"不是随随便便一群人的集合，那样的集合很可能是"乌合之众"，具有暴民心理。"共同体"与"乌合之众"最根本的区别在于真诚。所以，准确地说，我努力建立的是"真诚共同体"。

在过分强调独立奋斗的心理习性中，人们普遍不敢袒露真实的自我，不敢暴露自己的无知、脆弱和缺陷，不敢吐露内心的真实想法和心愿。人们假装强大，假装无所不能，无所不知，即使对身边人也是如此。当人们带着这些虚假的面具与他人建立关系时，就如同去参加一场盛大的化装舞会，彼此在一起，却谁也看不见谁，除了面具。

一个群体，只有当每个成员都学会了如何呈现内心，坦诚交流，能够突破坚硬的面具和表面的伪装，抵达内心深处，信守"一同欢喜，一同悲悼"的承诺，并真正做到"为彼此感到高兴，设身处地为别人着想"之后，才算建立起了真诚关系。

对于这种令人向往的真诚关系，很多人心存疑虑，担心是一种虚幻的乌托邦，虽然美好，却无法实现。这些人或者品尝过太多孤独，如今谨小慎微地与他人保持着距离；或者在乌合之众中曾狂热过，同时也被狂热伤害过；他们排斥过异己，同时也被当成异己排斥过；他们欺骗过别人，同时也被别人欺骗过。总之，他们见过人性太多的黑暗，而对于光明小心翼翼。

那么，这样一个珍贵的群体有什么特征呢？接下来，我将介绍真诚关系的七个特征。

第一个特征：包容，而不是忍受

乌合之众的特征之一，是排斥异己，而真诚关系的第一个特征是包容。

我们不能因为某个人或者贫穷，或者富裕，或者性格怪异，或者持不同意见，就将他排除于群体之外。我在麦克·贝吉里心理小组的经历充分说明了这一点。当时，所有人都称赞小组如何令人愉悦，而只有我感到抑郁。对于他们来说，我就是不一样的鼓声，应该被屏蔽。如果小组将我赶出群体，那么这个群体就成了一个排斥异己的朋党，而不是真诚关系。朋党是顽固的，它就像封闭的堡垒，誓死捍卫狭小的圈子，防御出现异己。

但对于大多数群体来说，排除比包容要简单得多。除非法律强制，很多公司、团体、学校和俱乐部开除一个人时，都不会考虑包容，更重视群体自身的利益。但真诚关系最大的利益，就是真诚本身，它崇尚包容，正因为包容，人们才能听见不一样的鼓声，并在这个过程中延伸自己。当然，真诚关系的包容也不是绝对的，它包容异己，但不包容邪恶。不管人的个性如何，性别如何，信仰如何，种族如何，观念如何，爱好如何，情绪如何，都会被真诚关系所包容。

在友谊学校，年级之间、学生和教师之间、年轻人与年长者之间彼此都是包容的。那里没有所谓的群体之外，没有屈从于某些规则的压力，不存在遗弃，聚会总是欢迎每个人的到来。由此可见，任何真诚关系的包容都会沿着其所有的边界不断延展。它就像一本展开的"全书"，不会刻意删掉不合规的内容。它不仅涵盖了人类所有的不同类型：鹰派和鸽派，异性恋和同性恋，理想派和现实派，健谈者和沉默者，外向的人与内向的人；也囊括了人类所有丰富的情感：泪水如欢笑一样受欢迎，恐惧如信仰一般被接纳……一切差异都包含其中，一切独特的个性都得以滋养。

而这一切如何实现？这些如此巨大的差异如何被全盘吸收？这些如此不同的人们如何和睦共处？在这里，至关重要的是，和睦共处的强烈意愿，以及由此产生的承诺。

做出承诺，是包容的关键。

为了维持真诚关系，或早或晚，在某个时间节点，群体中的某些成员必须以某种方式彼此承诺，不离不弃。真诚关系最大的敌人是排他性，它会以两种形式呈现：排除他人和排除自己。在麦克·贝吉里心理小组中，我差一点被同伴排挤出群体，就属于第一种形式。还有一种形式，是自己将自己排除。假如你暗下决心：“这个群体不适合我，这个人讨厌，那个人也不怎么样，我还是赶紧收拾东西一走了之。”这种想法对真诚关系的破坏性同样是巨大的，就好比你在婚姻中暗自思忖：“天涯何处无芳草，栅栏另一边的草看起来似乎更绿一些，我干脆转移过去吧。”事实上，两个人的婚姻也是一个真诚关系，要求我们在遇到困难的时候，依然坚守。而这需要一定程度的承诺。

如果我们选择坚守，通常在不久之后便会发现“山重水复疑无路，柳暗花明又一村”。我的一位朋友将真诚关系定义为“一个习得了超越个体差异能力的群体”。我对此十分赞同。的确，在真诚关系中，我们能学会一种能力，这种能力可以让人接纳个体的差异，不再攻击与自己不同的人，或者心怀不满，或者极力躲避。但学会这种能力需要时间，而这种时间必须通过承诺来交换。

需要澄清一点，包容不是忍受。忍受是在积攒不满、怒气和怨恨，最终，这些强烈的压迫性情绪会像火山一样爆发，一发而不可收拾。包容也不是逃避，不是假装若无其事，用“视而不见”来回避差异。从本质上来看，包容是一种超越，而“超越”的字面意思是“从上面越过”，这就犹如登山。当你穿过峡谷，越过沟壑，终于站上山巅之后，你会发现正是那些高高低低，坡坡坎坎，即，那些迥然不同的差异，才构成了一幅激动人心的画面，一切尽收眼底。

同样，要包容别人，也需要提升自己认知的海拔高度。随着认知海拔高度的提升，我们逐渐会将“忍受”转变为“包容"。我与莉莉结婚之后，随着浪漫激情渐渐消退，我发现，莉莉做事有些缺乏条理性，比较情绪化，她会因为欣赏美丽的鲜花，而忘记重要的约会。与此相反，我从一开始就是个"以目标为导向"的人。我从来不会特意安排时间去赏花，总是按计划完成工作。我曾经斥责莉莉丢三落四，同时无视文明时代最重要的仪器：时钟。

而在很多方面，她对我也同样苛责，认为我是一个工作狂，太理性，说话总是使用"首先""其次""再次""最后"这样迂腐晦涩的表达方式，将每一次谈话变成长篇大论，一点也不懂生活，没有情趣。

在没完没了的摩擦和碰撞中，我感到异常压抑，我不知道我们的婚姻为何会这样。前面，我提到，为了维持婚姻，我付出了很多。最初我试图改变莉莉，但越改变越痛苦；后来，我又极力忍受，但越忍受越绝望。幸运的是，在参与建立真诚关系的工作中，我慢慢意识到，之所以对婚姻感到痛苦和绝望，是因为生活已经进入了婚姻的山坡，而我的认知还滞留在山脚。

结婚，意味着生活发生了变化，我再也不是一个单身汉，而是两个人生活在一起，这本来是自己梦寐以求的，但在无意识中，我却依然认为自己是一头"孤狼"，而莉莉只不过是我的"附庸"。很多时候，生活已经发生了变化，但我们的认知却迟迟不能完成转变和提升，比如衰老的人，不接纳变老的事实，还认为自己很年轻，活在幻想中，这会令他们的生活异常艰难。同样，在婚姻中，低海拔的认知根本看不见婚后的现实。后来，当我成功提升认知海拔之后，站在新的高度再来看我们的婚姻，一切都变得清晰起来，很快我对莉莉的"忍受"就变成了"包容"，并惊愕地发现：为了维持婚姻，她付出的比我还多。

婚姻是一个长期的、只属于两个人的小型真诚关系。我与莉莉超越差异和分歧，将"忍受"转化为"包容"，花了将近20 年时间。但是，在建立短期真诚关系时，我发现 50 到 60 个人的群体，可以在 8 小时的课程内，实现这种超越，将分歧转化为默契，将差异转化为共识，这或许就是真诚关系最神秘，最吸引人的地方。

第二个特征：突破幻象，走进真实

真诚关系不是乌托邦，虚无缥缈，不切实际，它可以真实地出现在人与人的关系中。它可以努力让人接近现实，也可以让人在接近现实的过程中变得真实。换言之，它是真实的现实，也是现实的真实，而非魔幻的现实。

还是以婚姻为例。之前，我与莉莉常出现摩擦和冲突，追根溯源，是因为我心中有一个幻想的"她"，这个"她"并不存在于现实中，只活在我的头脑里。我幻想"她"温柔、体贴，既感性又理性，在我需要时，她会立即出现，在我不需时，她会愉快地消失。同时，在莉莉头脑中，也有一个理想化的"斯科特"，"他"既能工作赚钱，也懂浪漫。这样的幻想让我与莉莉两个人的婚姻变成了四个人的对决。一个幻想的"莉莉"和一个理想化的"斯科特"夹在中间，左冲右突，横刀夺爱。在刀枪剑戟，昏天黑地中，我看不见真实的她，她也看不见真实的我。直到我们各自杀死心中那个幻象，玉宇澄清之后，我才终于看见了真实的莉莉，她是如此生动，如此鲜活，如此与众不同，而莉莉也看见了真实的斯科特，于是我们的婚姻进入了真诚关系。

这就是真诚关系的第二个特征：突破幻象，走进真实。

很多时候，我们处理不好夫妻关系、父母与孩子的关系、亲戚朋友关系、同学同事关系、上下级关系等，或许是因为对对方抱有太多幻想：我们幻想配偶应该像自己一样，幻想孩子要按照父母的意愿成长，幻想亲戚朋友无限度的帮助，幻想上司应该这样，下级应该那样……但现实毕竟是现实，别人也不是我们。当别人违背我们的意愿之后，我们就感到失落、沮丧，或者耿耿于怀，或者心怀不满。带着这些情绪，走进群体，我们与他人的关系不可避免会荆棘丛生，陷入烦恼。

在任何不真诚的关系里面，都有幻想的影子，而真诚关系致力于打破幻想。打破幻想后，我们看见真实的自己，就有可能剔除身上不真实的东西。正如心理学家卡尔·罗杰斯所说："一个有趣的悖论是，当我接受自己原本的样子时，我就能改变了。"

第三个特征：一个安全的地方

36 岁的时候，在一次真诚关系中，我找回了遗失的"哭泣艺术"，这并非偶然。尽管如此，早期培养的"孤狼"习性，对我的影响仍然根深蒂固。直到今天，我仍然只在我感到安全的地方，才能当众落泪。每当进入真诚关系，最令我欣慰的，便是重新获得"泪水的恩赐"——在泪水中，我不再孤独。事实上，一旦一个群体达到了真诚关系的高度，成员们往往都会产生这样的共鸣：我在这里感到安全。

这是一种罕见的感觉。我们每个人几乎都曾在生活中倾尽全力，以求获得部分的安全感。我们很少能完全自由地做自己，在任何群体中，我们都很少能感到充分地接纳与被接纳。因此，几乎每个人都会带着自我防备的心理进入一个新的群体。这种自我防备隐藏得很深，即使人们有意识地表现出坦率和脆弱，潜意识中仍然有强烈的防御感存在。而且，如果从一开始就表现出莫名的脆弱，甚至有可能引起其他人的怀疑或敌对的情绪，认为是一种表演，包藏祸心。事实上，在一个新群体中，只有最真诚、最具勇气的人，才敢暴露自己，大部分人都会选择关起心门。

一般情况下，不会有速成的真诚关系，由一群陌生人所建立的群体想要获得真诚关系所具有的安全感，需要全体成员付出超乎寻常的努力。然而，一旦获得成功，就好像打开一道闸门，安全感汩汩流淌，它包围我们，温暖我们。浸泡在安全感的暖流中，我们卸下防备，毫无顾虑袒露心声。当群体中的大多数人看到自己的声音会被倾听，自己的一切都将被全然接纳，多年压抑的挫折、伤害、愧疚和悲伤就会涌现出来，一泻千里。在真诚关系中，人们的脆弱感就像滚雪球一般，越滚越大，一旦成员们发现自己在脆弱时被重视和关怀，他们就更不畏惧表现出自身的脆弱。心理防线被冲破，爱和包容被充分释放，随着彼此亲密程度的增加，真正的治愈和转化开始了。旧的伤口得以医治，旧的恩怨得以赦免，旧的阻力得以克服。忧虑被希望取代，恐惧被勇气征服，阴影转化为光明。同时，我们清楚地看见，虽然打开心的大门，有一定的风险，但与巨大的收益相比，无疑是值得的。

我之所以不遗余力建立真诚关系，是因为它具有强大的治愈和转化能力，这种治愈和转化不同于某些刻意的团体治疗，也不像一些心理医生高高在上，俯视病人。大部分刻意而为之的治愈和转化行为，往往不利于建立真诚关系。人们内心对健康、完整和真诚有着自然而然的能量和推动力。然而，很多时候，这种能量和推动力会被恐惧所束缚，会被防御和抵抗所抵消。但是如果我们置身于一个真正安全的地方，一个不再需要防御和抵抗的地方，一个可以将自身能量和推动力完全释放的地方，也就是说，当我们在一个感到安全的地方，便会自动走向转化和治愈。

建立真诚关系比治疗更重要，有经验的心理治疗师通常能认识到这个事实。但也有一些心理医生则认为，他们的首要目标是治愈患者，并常常相信自己成功地做到了这一点。但是当有了经验之后，他们会逐渐意识到，其实自己并没有治愈的能力。他们真正可以做到的，是凝听患者的倾诉，接受他或她的脆弱和无助，让患者感到安全，并以此建立真诚关系，即"治疗关系"。所以，好的心理医生不会把关注的重点放在治疗上，而是努力增强与患者之间的治疗关系，将其转化为一个心理上的安全之所，使患者在其中完成自我治愈。

这一点如此矛盾，又如此神奇，在一个群体中，只有当其成员学会停止刻意的治疗和转化之后，真正的治疗和转化才会发生。真诚关系之所以被称为安全之所，正是因为在那里，没有人试图治疗或转化你，修理或改变你。相反，人们接受真实的你，本来的你。你可以自由地做自己。而且也正因为如此自由，你可以如释重负，自由地放弃防备、掩饰和伪装，获得心理和精神上的慰藉，以及治疗和转变的力量，成为真实完整的自己。

第四个特征：凝视对方，以柔和的目光

一次，在为期两天的建立真诚关系的活动即将结束时，一位中年女士向小组宣布："昨晚回家之后，我和丈夫认真考虑过退出这个小组，尽管斯科特曾经劝我们不要这样做。我昨晚睡得很不好，今天早上差点就决定不来了，然而发生了一些奇怪的事情，昨天我仍然在用强硬的眼光看待大家，可今天由于某些原因，我的目光变得柔和了，这种感觉棒极了。"

这位中年女士的经历与我在麦克·贝吉里小组所经历的何其相似，在那个小组里，我最初讨厌一个人，后来又神奇地变成了那个人，最后对他充满关爱之情。而这位女士最初用强硬的眼光看别人，后来又变得柔和，这不仅意味着心理防线的坍塌，更意味着自我的敞开和内心的拓展。

真诚关系中的这种转变历程，与序言中《拉比的礼物》那个故事所描述的也十分相似。在一个没落的修道院里，一个垂死的团体，一旦成员们开始通过"柔和的目光"，以及尊重的眼神看待自己和他人时，便可以建立起真诚关系，重新焕发出生机。奇怪的是，这种转变产生之时，恰好是个人防备"崩塌"之时。只要我们仍然躲在看似坚硬的面具下互相审视，只

要我们的心理防线还固若金汤，这种眼光便是强硬的。只有当
我们摘下面具，看到面具下被掩藏的痛苦、勇气、破碎和更深
的尊严时，我们才能真正开始彼此尊重，以柔和的目光，凝视
对方。

　　有一次，当我和一个管理机构探讨真诚关系的问题时，其
中一位成员评论道："按照您的说法，在真诚关系中需要承认个
人的残缺。"是的，他说的没错。但是，这件事本身是多么不
可思议，在我们的文化背景下，残缺居然需要"忏悔"。我们
通常认为忏悔是在教堂幽暗的告解室内，在专业的神职人员的
配合下，在确保不会被其他人知道的前提下秘密进行的活动。
事实上，每个人都很脆弱，所有人都经历过创伤。当我们受伤
的时候，仍然要被迫掩盖自己的伤口，这实在太不合理了！

　　人需要完整地接纳全部的自己，包括自己的伤口，正如那
句名言所说："世界让我遍体鳞伤，但伤口长出的却是翅膀。"
但至关重要的一点是，不要掩盖自己的伤口、缺陷和脆弱，因
为接纳是成长的动力，掩盖是摧毁的开始。当一个人敞开心的
大门，开始接纳自己的脆弱时，也同时拥有了治愈的力量。所
以，建立真诚关系一方面要求我们具备暴露伤口和弱点的能
力，同时也要求我们具备能够被他人的创伤所触动的能力，想
人之所想，急人之所急，即心理学上所说的"共情能力"。这
种能力正是上面那位女士"柔和的目光"所表达的含义。当她
的眼睛不再是屏障，而成为洞察他人的通道时，她真真切切地
感受到了美好。揭开伤疤是痛苦的，但在我们分担彼此所经受

的伤痛时，人与人之间油然而生的关爱之情却弥足珍贵。当然，我们也不能否认现实，在我们的文化中，这种分担需要承担很大的风险，需要突破假装刀枪不入的心理习性。对于我们大多数人来说，这是一种全新的，并且似乎存在潜在危险的行为模式，但它却能给我们带来巨大的改变。

我常将建立真诚关系称为"人性的实验室"，也许，你会觉得奇怪，因为"实验室"这个词往往意味着一个充满各种硬件设施的无菌环境，而不是一个柔软温馨的地方。然而，实验室更确切的定义是：一个旨在进行安全实验的地方。我们需要这样一个地方，当我们做实验的时候，是在测试用全新的途径来处理问题。而建立真诚关系同样需要这样一个地方：一个对崭新的行为模式进行尝试的安全之所。一旦有机会身处这样安全的环境，大多数人自然会比以往任何时候更乐于进行尝试。他们放弃习惯性的防御和攻击、猜忌和恐惧、怨恨和偏见，这些东西曾经将他们阻隔，也是他们保护自己的武器。现在，他们尝试解除自己的武装，彻底放下防备心理。他们尝试在自身和群体中寻求和睦，并且最终发现，这种尝试奏效了。

实验的目的是给我们提供新的经验，而从这些新的经验中我们又可以提取新的智慧。在致力于建立真诚关系的工作中，我发现，当成员们尝试放弃心理防线，总能很快找到和谐相处的方式，屡试不爽。我相信，我们完全有可能将这种实验推广到所有人与人的关系中，甚至包括国与国的关系中。

第五个特征：以优雅的方式，超越冲突

　　真诚关系是个安全的地方，同时也是一个充满冲突的地方。

　　乍看之下，这种说法似乎自相矛盾。但任何没有矛盾的东西都不是真实的，说某个人好，某个人坏，都不是真相。真相是好人有坏的一面，坏人有好的一面。真相总是原始的、未经梳理的、充满矛盾的，而谎言总是没有矛盾的、片面的，看起来很美好，却不是真实的。在真诚关系中，唯有接触到矛盾，才有可能触摸到真相。真诚关系之所以具有强大的治愈力，关键就在于它从不回避冲突，也不陷入冲突，而是超越冲突。

　　有一天，一位苏菲派大师在学生们的陪伴下漫步街头。当他们来到市民广场时，政府军与叛军之间正在发生激烈冲突。流血事件震惊了学生，他们恳求道："快，师父，我们应该帮哪边？"

　　"两边都要帮。"大师回答。

　　学生们感到十分困惑。"两边？"他们不解地追问，"我们为什么两边都要帮呢？"

　　"我们需要帮助当局学会倾听人民的意愿，"师父回答道，

"我们也需要帮助叛乱分子学会如何不再强行抵制权威。"

　　乌合之众排斥异己，鼓吹对抗，不可避免会陷入派系之间的冲突，但真诚关系致力于超越派系，超越冲突。真诚关系虽然不鼓吹对抗，却也不回避人与人的差异，以及彼此之间的分歧。将真诚关系称为一个安全的地方，并不意味着其中没有分歧。有分歧是一件好事情，恰恰说明我们是不同的人，不用伪装成一样。例如，夫妻之间可以通过分歧，相互了解对方的观点和需要，只有充分了解彼此的分歧在哪里，根源是什么，最后才能从"上面越过"。婚姻的毒药不是争论，而是虚情假意，是糊弄和欺骗。事实上，暴露分歧是建立真诚关系的必经阶段，后面我将详细讲述。但是，与乌合之众不同，在真诚关系中，分歧不是通过生理上的流血事件，以及感情上的恶意中伤来粗暴解决，而是通过智慧优雅地超越。

　　真诚关系是一个可以优雅地"超越"分歧与冲突的群体。在这里，人们熟谙倾听和理解之道，尊重彼此的天赋，接受他人的不足；在这里，人们接纳相互之间存在的差异，抚慰彼此经历的创伤；在这里，人们不再针锋相对剑拔弩张，而是致力于同进退、共患难；在这里，人们不是只听一种鼓声，而是能够听到不同的鼓声，踩着不一样的鼓点前行。这的确是个不同寻常的地方，就像我在麦克·贝吉里心理小组所经历的那样，我们分成了两派，彼此不同，却可以将分歧放在一边，和谐相处，神奇地超越冲突。

　　真诚关系中的这一发现意义深远。这个世界上，每时每刻都在发生冲突，而人们心中也一直存在这样的幻想："如果我们能够消灭彼此之间的冲突，那么总有一天，我们能够共同生活在一个和谐的社会中。"我认为，我们或许将事情的因果关系颠倒了，我们永远无法消除人与人之间的差异和分歧，所以重要的不是如何消除冲突，而是如何带着差异和分歧和睦相处。换言之，不是先消灭冲突，然后才能和睦相处，而是先包容差异，最后才能超越冲突。

第六个特征：权力去中心化

　　大家也许还记得，在麦克·贝吉里心理小组中，麦克作为领导人，大权在握，但他却像一个隐形人，躲在后面一言不发，如同消失了一般，默默观察我们的言行。他偶尔说几句话，也不是以命令似的口吻，仅仅是启发式的提醒。

　　后来，我在建立真诚关系时，也是如此。与其说我是一个领导者，不如说我与其他成员一样，是群体中普通的一员。这说明，真诚关系另一个特征：权力彻底去中心化。

　　请记住，真诚关系是反集权主义的，其决定通过协商一致达成。所以，有时它被称为无领导者群体。然而，更准确地说，真诚关系是一个人人都是领导者的群体。

　　由于这是一个安全的地方，所以被委以领导者这一重任的

人，在关系中同样是自由自在的，他们通常会经历人生中第一个
不需要刻意去领导的时刻。而那些内向而害羞的人也可以跨出勇
敢的一步，展现出他们卓越的领导天赋，其结果是使群体成为一
个理想的决策机构。例如，在我与莉莉的婚姻进入真诚关系后，
在教育孩子的问题上，我与她两个人做出的决定，总能比一个人
单独做出的决定更智慧，更可行。仅就这一点，我便可以判断，
在单亲家庭中，若想对孩子的问题做出正确的决定，往往极其艰
难。单亲爸爸培养出的男孩，往往沉溺于权威和秩序，还有可能
对女性抱有偏见，而在单亲妈妈家庭中成长的女孩，或许会认为
"男人没有一个好东西"，并且不容易找到满意的丈夫。

　　一个好的决定，一定是开放的，能够充分吸纳不同的观
点。在真诚关系中，一个 60 人的群体往往能提出十几种不同
的观点，但就像高明的厨师能够调配不同的佐料一样，最后人
们也总能将这些不同的观点融合起来，做出一个无比美妙的决
策。这就如同由多种配料做出的菜肴，远比只有一种配料做出
的菜肴更耐人寻味一样。

　　真诚关系最迷人的特征，也许就是"流动的领导力"。正
因为具备这样的流动性，所以，每个人都很重要，没有任何人
被轻视，也没有任何人可以越俎代庖，所有成员都可以自由发
言。在乌合之众中，个体的差异和智慧被彻底抹平，结果是愚
蠢叠加愚蠢，而在真诚关系中，每个人的智慧和天赋都充分得
到尊重，结果是众人拾柴火焰高，智慧之上还有智慧。

　　不过，对于不了解真诚关系的人来说，如果问如何才能做

出一个明智的决定，他们的本能反应是，这需要一个力排众议、强而有力的领导。就像兄弟姐妹之间产生了分歧，我们本能地希望可以通过妈妈或爸爸这样一位仁慈的权威来裁决一样。但真诚关系鼓励个性化，永远不可能是集权主义的，我们必须让所有人充分表达自己，逐渐接纳差异，达成"共识"。

第七个特征：一种回家的感觉

很多群体十分崇尚一种精神——"集体精神"。

"集体精神"是一种积极维护群体利益的团队意识，有一定的正面意义，但同时也带有强烈的竞争意识，具有侵略性和排他性。比如，某些球迷支持自己喜欢的球队，认为"我们的球队比你们的球队优秀"，并因此讨厌其他球队。再比如，傲娇的美国人认为"我们的国家比你们的国家繁荣"，从而排斥其他弱小的国家，这些都可以被看作是集体精神的典型表现。

真诚关系虽然是一个集体，成员也会为这个集体感到喜悦，甚至自豪，但这个群体却是开放的，不具有竞争性和排他性。竞争总是排他的，但真诚关系的第一个特征是"包容"，一个具有竞争性和排他性的群体一定不是真诚关系。而如果一个曾经进入真诚关系的群体，开始到处树敌，那么这个群体便逐渐丧失了自身的本质，从此，成员与成员之间再也没有了真诚关系。

在真诚关系中，人们也具有一种精神，它扎根于人类心灵的深处，是一种善良的天性，一种向往和平的精神。在建立真诚关系的初期，人们经常会问："我们如何判断是否已经建立起真诚关系呢？"其实，当一个群体进入真诚关系时，每个成员在精神上都会感受到巨大的转变。由于我们被深深地接纳，所以，我们也被深深地打动，并激动得流下热泪。在泪水中，我们不再孤单，不再抑郁，不再焦虑，整个群体会感受到一种心的宁静。人与人之间，会用柔和的目光相互凝视，说话的语气会变得更加平和。不可思议的是，这柔和的目光与平和的语言具有更强烈的穿透力，它源自"我"的心灵，可以直达"你"的心灵，因为只有心灵才能够理解心灵，只有灵魂才能理解灵魂。有时候，人们也会沉默，但从来不是那种不安的沉默，而是一种被大家所接受的、安宁的沉默。这个时候，没有狂躁，没有喧嚣，一切都平静下来，那是一种心灵经历各种磨难、艰辛和折磨，终于回到家中的感觉。

真诚关系深藏于人类心灵的深处，只会在肥沃、优良的土地上，落地生根。一群不愿敞开心扉，内心贫瘠，喜欢坐在一旁高喊口号的人，即使累得筋疲力尽也不可能建立起真诚的关系，还会与真诚关系渐行渐远。相反，无论是谁，只要不虚情假意，愿意付出爱，都有可能建立起真诚关系，因为真诚关系是一种超越，在任何情况下，超越都与爱有很大的关系。

几十年来，我真切感受到，真诚关系近乎奇迹，虽然出现在人与人的关系中，但它却使人心映照出了宇宙之心。

建立真诚关系的四个阶段

第五章

建立真诚关系通常有四个阶段，依次是：
虚伪阶段，混沌阶段，空灵阶段，真诚阶段。

The Different Drum

当一个群体有意识地被组织起来，希望建立起真诚关系时，通常需要经历四个特定的心理阶段，依次是：

虚伪阶段

混沌阶段

空灵阶段

真诚阶段

在建立真诚关系的实践中，我越来越清楚地看到"乌合之众"与"真诚关系"的不同之处。具体来说，"乌合之众"只相当于建立真诚关系的第一和第二阶段，置身其中的人们，其心理状态也只会以两种形式呈现：要么虚伪，要么成为混沌状态中的暴民。

在没有矛盾和冲突时，群体中的人们会表现出虚假的和谐，彬彬有礼。例如，夫妻之间可能会举案齐眉，恩恩爱爱，父母与孩子之间也会如童话般美好，全家一起出游，相互赠送礼物等。一旦发生矛盾和冲突，"暴民心理"立刻显现，夫妻彼此相互指责，咒骂，有时甚至恨不能找把枪，一枪干掉对方；而父母对孩子则会大喊大叫，甚至拳打脚踢，相应地，孩子对父母也会心生憎恶，并为将来的日子埋下隐患。

事实上，"乌合之众"就是在"虚伪"与"暴民"这种两种心理状态中交替循环，去而复来。讨厌"虚伪"，我们表现出真实的想法和行为，但这势必与他人产生摩擦和碰撞，于是我们用暴力、拳头和战争来解决彼此之间的矛盾和分歧。而太多的流血冲突则让我们惊恐万状，毛骨悚然。为了避免流血和暴力，我们又极力掩盖彼此的分歧，退回到虚伪的面纱中，继续成为一个"虚伪团体"。这就犹如一个死循环，似乎永远没有出路，永远无法解脱。而我们的命运也仿佛只有两条：不在混沌中灭亡，就在虚伪中窒息。或许正是因为这个原因，读古斯塔夫·勒庞的《乌合之众》，才会给人一种黑暗、悲观以及绝望的感觉。

古斯塔夫的观点是深刻的，同时也是绝对的，因为群体心理并不是只有两个阶段，尽管艰难，过程也异常曲折，但群体依然可以继续向前，跳出"虚伪"与"暴民"的轮回，进入真诚关系后面两个阶段。

下面，我将分别介绍建立真诚关系的四个阶段。

虚伪阶段

虚伪，是人们组建群体时的第一个最常见的心理阶段。

此时，人与人之间表现得客客气气，很有礼貌，我尊重你，你尊重我，大家相互尊重，其乐融融。但每个人都不是坦诚相待，畅所欲言，而是小心翼翼遣词造句，刻意压低嗓音，怕冒犯他人，引起对方的反感。同时，成员们会努力避免分歧，防止群体出现争端。整体看来，群体更像是在开一场盛大的化装舞会，彼此都带着假面具在人群中来来往往，不停穿梭。

这个时候，就是我所说的"虚伪阶段"。

当群体处于这一心理阶段时，有时很容易辨认，有时却会被迷惑。在华盛顿大学讲课后不久，我第一次组织建立真诚关系时，就被迷惑了。那是在纽约曼哈顿下城格林威治村进行的一次活动。参与的成员都是经验丰富的精神分析师，他们老练世故，懂得如何伪装。一般人的伪装，是伪装强大，伪装礼貌，伪装没有分歧，这很容易让人发现，并被戳穿。但对于这些整天洞察病人心理的专家们来说，由于他们知道这个群体的目的，所以，一开始就假装展示脆弱，偶尔还会假装与别人发生分歧，却又能巧妙地把分歧控制在一定的范围内。在几分钟的时间内，彼此似乎都表达出了内心的孤独和无助，分享了生活中深刻而亲密的细节，甚至在第一次休息时便开始相互拥抱。

"嘭"的一声——真诚关系诞生了！

起初我很高兴，我想，天哪，这简直就是天上掉馅饼，什么也不用担心，成功唾手可得。但到了中午的时候，我开始变得不安，我感觉这其中缺少了某些东西，却找不到问题出在哪里。我相信自己的感觉，因为我没有在这种关系里体会到美好、快乐和激动的感觉。相反，我甚至感觉到有些无聊。然而，从目标上看，这个群体似乎完全在按照一个真正的真诚关系的标准行事。我不知所措，甚至不知道是否应该做点什么，于是在接下来的时间里完全任其发展。

　　那天晚上我没有睡好觉。临近黎明时，虽然不确定正确与否，我仍然决定向群体成员透露我的不安。第二天早上当我们重新聚集在一起时，我对他们说："我们是一个非常优秀而有经验的群体，这或许是昨天早上轻而易举就形成'真诚关系'的原因，但也正是因为太容易，太快了，我有一种奇怪的感觉，我感到这其中缺失了一些东西，并确信我们现在还没有建立起真正的真诚关系。现在我想留给大家一段时间静默思考，再看看我们对此将如何回应。"

　　静默结束后，小组果然做出了回应：这些看似温和、亲切的人们几乎要大打出手。前段时间积压的私人恩怨几乎同时爆发了出来。他们开始因为不同的意识形态或信仰，攻击对方，毫不犹豫，也完全不留情面。为自己的信仰而战，宣告"虚伪阶段"结束，正式进入"混沌阶段"。后来，我们又通过"混沌"进入下一个阶段，最终建立起真诚关系。但是，由于成员们特别善于伪装，所以，我们在虚伪阶段停留了太长的时间，以至于将建立真诚关系的时间推迟了整整一天。

　　这个故事揭示了四点——

　　其一，警惕虚伪阶段，它会以各种面目出现。但不管人们如何善于伪装，怎样表演，你要相信自己的感觉，因为感觉是灵魂的语言。

　　其二，真诚关系的建立需要时间，需要凝听不一样的鼓声，需要经历分歧和争吵的混沌，需要为此付出努力和牺牲，它不是轻而易举就能达成的。

其三，在虚伪阶段时，一群人试图通过廉价的伪装来建立真诚关系，事实上并不是故意出难题，恶意搞破坏，而是无意识的。也就是说，这些经验丰富的心理医生竭力伪装自己，但他们自己却意识不到，这是一种无意识的行为。只有经过提醒，他们才会看到这一点。

其四，即使伪装是无意识的，本人并没有恶意，但这种伪装依然很可怕，会阻碍人与人之间真诚地交流，将群体引入死胡同。

虚伪阶段的本质，是隐瞒真实的自己，包括自己的感受、观点和意愿，以此避免分歧和冲突，但这其中的谎言和欺骗却具有令人畏惧的杀伤力。而建立真诚关系的目的，并不是为了避免分歧和冲突，而是要从分歧和冲突的上面"越"过去。

在虚伪阶段时，人们解决个体差异的方法往往是弱化差异，否认差异，回避差异。在群体中，人们对彼此的差异和分歧视而不见，用礼貌和礼节，将它们掩盖起来。每个人仿佛都是训练有素的礼仪专家，懂得如何讲话，如何微笑，如何按照相同的礼仪手册行事。这本手册中包括如下规则：不要说任何得罪别人的话，做任何冒犯别人的事；假如有人说了一些惹恼你的话，或者做了一些激怒你的事情，你应当表现出绅士风度，好像什么也没有发生，装出完全不在意的样子；如果看见某个地方窜出冲突的火苗，要尽快将其扑灭，并迅速、轻松地转换话题。相信大家对这套方法并不陌生，在任何一个成功的晚宴上，我们都能看到这种礼数周到的女主人。不过，这套方法虽然可以成功组织一次晚宴，一次聚会，却无法建立真诚关系，因为它阻隔了心与心的交流，妨碍了人们敞开心扉，说真话，说实话。长期生活在这样的群体中，人会感到枯燥、乏味和无聊。

在虚伪阶段，人们谈话时，总是浮光掠影，倾向于泛泛而谈。他们会说"离婚是一个悲惨的经历"，或者"每个人都应该做自己"，或者"我们应该相信我们的父母已经尽其所能"，或者"一旦你找到了信仰，你就不必再害怕"。人与人之间就靠这些肤浅、空洞、口号似的东西彼此劝慰，根本不会流经内心。他们表面上频频点头赞同，但私下心里会想："20 年前我就找到了信仰，但有时我仍会害怕，我有什么必要将这件事告诉其他人呢？"为了避免发生冲突，他们隐藏了真实的感受，或者部分感受。所以，在这样的群体中，表面的热闹，难以慰藉内心的孤独。

当然，绝大多数人都讨厌分歧和冲突，每个人都喜欢一团和气，即使群体中经验丰富的人憎恨这种虚假的和谐，完全清楚空泛的交流并不是真正的沟通，也不愿意去点破。毕竟说真话是需要勇气的，有时还要遭受别人的指责和攻击，正因为这样，处于虚伪阶段的群体俯拾皆是，而具有真诚关系的群体总是稀少。这不由得让我想到这样的文字：真实，就如同森林里的空气，氧气充足，但对于身体虚弱的人来说却承受不了，容易醉氧，出现疲倦、无力和头昏等症状。长期生活在谎言与欺骗中的人也是如此，他们不能接受太多的真实，宁愿生活在虚情假意，以及伪装的美丽中。

根据我的经验，很多群体都处在虚伪阶段，没有不一样的鼓声，只有单调枯燥的口号声，人们也不会表现出个体差异，言论和行为总是随大流。不过，自格林威治村的那次经历之后，我发现自己不仅很容易识别群体的虚伪阶段，还可以将它扼杀在萌芽状态。通常所要做的就是对那些空洞的表述发起挑战。例如，当玛丽说"离婚是一件可怕的事情"时，我很可能会说："玛丽，你这样说太空泛了，我希望你不要介意我将你作为这个群体中的一个典型案例。人们想要获得良好的沟通，其中非常重要的一点就是要学会具体化，多在陈述中采用'我'这样的字眼，不知道你能否用'离婚对我来说是一件可怕的事情'来重新陈述一下你的观点。"

"好吧，"玛丽同意了，"离婚对我来说是件可怕的事情。"

"玛丽，我很高兴你这样表述。"

虽然表述只调整了几个字，但却能将玛丽从空洞的语言拉回到具体的细节中来。空洞的语言不能帮助我们认识自己，也不能帮助别人了解我们。"离婚是一件可怕的事情"，这样的表述似乎与她无关，她可能是在谈论一种现象，又或许只是她思考婚姻的结论。但加上"对我来说"，就变成了一件具体的事，其中有她的悲伤、眼泪和痛苦，这样一来，就使她的交流不再停留在思考的层面，而是把她的感受、情绪、心灵，甚至灵魂都加入了进来。

相反，另一位女士特蕾莎则可能表现出相反的看法，她很可能会这样说："离婚对于我而言是过去20年中发生的最好的事情。"

一旦个体差异不仅被允许，而且还以某种形式加以鼓励，群体便会立即进入发展的第二阶段：混沌。

混沌阶段

古希腊盲诗人荷马说："混沌是洪水，是深深的黑暗"。

"洪水"，是失控的河流，泛滥成灾，肆虐摧毁房屋、农田，淹没工厂、学校和城市，夺走无数无辜者的生命。这个比喻形象地说明：混沌是一种极端无序和混乱的状态。

而"深深的黑暗"则比喻在这种状态中，人们暗无天日的感觉。不过，我们还可以将"深深的黑暗"视为"无意识的深渊"，也就是说，这时人们的言论和行为完全被无意识所控制和摆布，犹如梦游一般，无知无觉。而正是因为无知无觉，无意识的洪流才会表现得肆无忌惮，气势汹汹，伤及无辜，给人一种地狱般黑暗的感觉。而这也是乌合之众令人畏惧的根源。

在建立真诚关系的过程中，每当一个群体进入混沌阶段后，我都能看见乌烟瘴气的混乱：成员们似乎失去了思考的能力，总是脱口而出地说话，条件反射似的反应。最初还比较节制，后来越来越失控，乱作一团。

例如，某个成员说："我有焦虑的问题，我想或许能在这里找到解决办法。"

"太巧了，我也遇到过这个问题，不过，我通过信仰，最终解决了困难。"另一个成员说。

"呃，我已经试过了，但问题并没有解决。"第一个成员回答。

"当我有了信仰时，那个问题以及所有其他问题都不复存在了。"第三位成员宣称。

"很抱歉，我是个比较现实的人，我对信仰没有感觉，也完全没兴趣。"第一位成员说。

"没错，说实话，我也是个现实派。"第四位成员接着说。

"但那是真的！"第五名成员反驳道。

于是他们开始争吵起来。

通常情况下，人们总想改变和治疗别人，而别人也会不遗余力抵制这种改变和治疗。在混沌阶段，想改变和治疗别人的人，会变本加厉改变和治疗别人，而别人则会竭尽全力抗拒，并试图反过来改变和治疗对方，从而陷入混战，硝烟弥漫。

不过，混沌虽然是"深深的黑暗"，却也是建立真诚关系不可或缺的一个环节。经过一段时间的混沌之后，我会提醒群体："我们在建立真诚关系方面表现得不是很好，对吗？"

"没错，而且是因为这个原因。"有人会回答。

"不，是因为那个原因。"其他人或许会回答。

于是他们又开始争吵起来。

但与虚伪阶段不同，在混沌阶段，个体差异是公开的，也正是在此刻，群体不再试图掩盖或忽略它们，而是试图消灭它们。尽管很多人会打着爱的旗号，但在改变和治疗的企图背后，隐藏的动机并不是爱，而是控制欲，是强迫每个人标准化，消灭差异。当人们为了谁持有的标准更胜一筹而争论不休时，其目的是为了消灭对方的标准，获取最终的胜利。

混沌阶段是对抗和斗争的时期，但对抗和斗争并不是它的本质。或许读者认为建立真诚关系之后，就没有了对抗与斗争，其实并不是这样。在一个真正的真诚关系中，人与人之间也会有分歧和冲突，只不过那时人们已经学会了如何有效沟通，他们在表达不同意见的同时，总是伴随着尊重、理解和爱，通常异乎寻常地平静，甚至可以说是和平的，不会出现人身攻击，因为成员们都会努力倾听彼此，也都深知我们是不一样的。当然，有时争论也可能非常激烈，即使如此，也不会竭力想要改变和治疗对方，而是为了仔细了解彼此的观点，以便达成共识。而在混沌中，这种感觉并不存在，混沌中的对抗和斗争是杂乱无章的、嘈杂的，人们各执己见，不肯倾听对方，毫无创造性和建设性。

与虚伪阶段一样，混沌只会带给人无聊的感觉，成员们不断地进行无效的相互攻击，既谈不上优雅也没有节制。事实上，对于外部的观察者而言，他们可能观察到处于混沌阶段的群体，它们最大的特点并不是对抗和斗争，而是深深的绝望。斗争没有任何进展，既没有成果又缺乏乐趣。

如果从一个更广阔的视角来看待混沌，我们会发现夫妻之间、父母与孩子之间、亲戚朋友之间、公司同事之间，都会在某个阶段出现混沌的情况。男女进入婚姻，意味着他们开始建立关系，最初彼此都会忍耐对方，努力将双方的分歧和差异最小化，极力避免冲突，这相当于群体的虚伪阶段。不过，每个人的忍耐都是有限度的，多则几年，少则一年，夫妻双方就会进入混沌阶段。在混沌阶段，个体差异被公开，并暴露无遗，他们不停地争吵，男人想把女人变得像他一样，而女人则埋怨男人不懂她，不能像她一样感受和思考。这时婚姻中的男人和女人你想压倒我，我想压倒你，彼此都觉得对方有问题，不遗余力想改变和治疗对方。金赛在性学报告中提出的"七年之痒"，或许就是因为彼此在争吵中厌倦了，绝望了，最后选择离婚，或者走向婚外恋。

同样，当孩子进入青春期后，随着人格的独立，父母与孩子的关系也就进入了混沌阶段。这时，父母会惊讶地发现孩子不再是从前那个听话的，唯命是从的孩子了，他们总是违背父母的意愿，故意与父母作对。父母觉得孩子有问题，想治疗孩子。但同时孩子也会觉得父母太死板，太老套，对他们太苛刻，他们强烈反抗父母的治疗。于是父母与孩子之间不断争吵，冲突不断，家庭似乎变成了一个激烈的战场，战火纷飞。

混沌是不愉快的，成员们不但相互攻击，还会把矛头指向他们的引领者。"如果我们有个高效的引领者就不会这样争吵了。"他们会说，"斯科蒂，你没有给我们指明方向。"从某种意义上讲，他们说的没错。建立真诚关系最重要的一点，就是引领者必须隐藏起来，以一个参与者和观察者的身份出现在群体中，而不是高高在上，指挥别人。当然，如果群体陷入混乱，迷失方向之后，他们会把引领者当出气筒，发泄心中的不满，这十分正常。即使这个时候，引领者也不能以力挽狂澜之势，果断采取措施，救他们于水火，而是要让他们充分在混乱中碰撞，破碎，淬炼，直到强烈渴望进入下一个阶段为止。

不过，要想简单规避这种混沌的局面也很容易，譬如找一个专制的引领者，或者让一个独裁者为他们指定具体的任务和目标，或者制定一套组织原则，让每个人严格执行。这样虽然可以简单地规避混沌，但唯一的问题是，一个由独裁者所领导的群体不可能建立真诚关系。

真诚关系和集权主义是不相容的。

在真诚关系发展的混沌阶段，为了应对这种被认为是领导力真空的状态，一种很常见的情况是，群体中的一个或多个成员会自告奋勇，以领导者自居。他或她会说："瞧，我们已经步入了绝境，我们何不追根溯源，每个人都说些关于自己的事情呢？"或者"我们为什么不以六到八个人为小组，分别寻找解决办法？"或者"为什么我们不尝试构建一个小组委员会来商讨真诚关系的定义？这样我们就会知道下一步该怎么做了。"

这些挺身而出的引领者，所带来的问题并不是由于他们取代了真正引领者的位置，而是在于所提出的解决方案。他们提出的这些方法，实际上总是使人们可以躲到"组织系统中"寻求庇护。组织系统其实就是一个有严格规则的系统，遵照这些规则，的确是可以避免并解决混沌。其实将混沌最小化正是形成组织系统的主要原因。但问题在于，组织系统和真诚关系也是不相容的，规则会压制个性，屏蔽不一样的鼓声。当然，我不是无政府主义者，我并不是说企业或者其他组织绝不可能有真诚关系，我想说的是，一个组织只有在包容某种缺乏组织的状态，并承担其风险，才有可能出现一定程度的真诚关系。

混沌阶段的时间长短不一，这取决于引领者和群体的性质。有些群体在经过一段时间后能很快摆脱混沌。而有些群体在明知混沌是不愉快的情况下，仍拒绝合适的解决方案，折腾好几个小时，最后退缩回虚伪阶段，继续遵守礼仪规则，无聊至极。还有一些群体自始至终都陷在一种毫无建设性的混沌状态里，最后不欢而散。

混沌总是令人不愉快又缺乏建设性，但混沌并不是一个群体最糟糕的状态，它比虚伪阶段要真诚得多，也要进步得多。

毕竟，真诚的吵架要强过虚伪的彬彬有礼。

几年前，我有幸接受过一次简短的咨询，以解决一个大型团体中的混沌问题。在那之前，该团体推选了一位充满活力的新领袖，他的领导风格过分坚定而自信，甚至超出了人们的预期。在我拜访期间，有超过三分之一的人强烈抵制这种风格，但是大多数人对此十分满意。分歧异常严重，双方都感到十分痛苦。然而，从他们彼此的坦率和坚持中，我却感受到了很大的活力。我几乎无法提供任何直接的解决方案，但是我至少能够提供一些安慰，并告诉他们，这个团体比大多数团体更具活力。我这样向他们解释："与虚伪阶段相比，你们现在的混沌状态是一种进步，虽然你们还没有建立起健康的真诚关系，但是你们能够公开地面对分歧，这很不容易。对抗比假装要好得多，争吵比欺骗更具有积极意义。虽然痛苦，但这是一个开始。现在，你们已经意识到分歧，也渴望超越派系之争，与那些认为自己完全没有必要做出改变的群体来说，你们此刻的状态充满了希望。"

混沌是令人烦恼的，但也是必要的，不经历混沌中的对抗和冲突，就不会迎来长期的稳定。我的朋友拉尔夫是一位人类学家，他给我讲述了在非洲时的一次经历。非洲不少地方常年干旱，但因为贫穷，水窖并不是每个部落都能建得起。拉尔夫所在的团队计划帮助三个邻近的部落建一些水窖，然而建在哪里、怎么建，都成了问题。别说三个部落很难达成一致，就是每个部落内部都没办法统一。他们情绪激昂，当面质疑对方的观点，大声说出自己的想法，肩膀抵着肩膀，推搡冲撞，争论的声音就要把屋顶掀翻。而一些平日里不善言辞的人，也在这场争论中开始为自己的想法呼喊，似乎平生第一次有机会发出声音。于是团队中有人开始抱怨，说这些非洲人民智未开，难以沟通。但拉尔夫却认为这不是民智未开的问题，而是达成共识必须经过的阶段，不能强迫他们，必须让他们各自充分发表意见，相互摩擦和碰撞。

这样激烈的争论，每天都会上演，每个人都在表达自己的看法，每个人都无法被人轻易说服，事情似乎陷入了僵局。然而，神奇的是，随着一次次争论，很多之前悬而未决的事情，却渐渐有了雏形。不久后，修建水窖的最终方案出炉了，人们惊讶地发现，与拉尔夫他们之前提出的方案几乎一致。但是说来奇怪，没人认为那些争论是没有意义的，因为通过争论，他们理解了对方的想法，而对方也理解了他们的想法。虽然最终的方案与之前一致，但这个方案却通过充分的争论流经他们的内心，他们感觉到这是自己主动的选择，而不是强迫的行为。

总而言之，在混沌阶段，群体中的混乱、对抗和冲突，会让人感到烦恼和痛苦，但是，我们也不能因为害怕它而止步不前，甚至退回虚伪阶段，毕竟混沌也有积极的意义——

其一，它可以让人们在对抗中了解各自的诉求，就像很多时候，了解我们的并不是身边亲近的人，恰恰是竞争的对手一样。

其二，长时间的对抗和冲突，会让人们认清一个重要的事实：你改变不了他，他也治疗不了你。在相持不下中，人们会接受现实。许多夫妻在摩擦和冲突中，试图改变对方，若干年后，发现所有改变的努力都是徒劳，最后在失望、沮丧和痛苦中接受对方，反而让婚姻变得和谐起来。如果我们将视野再扩大一些，看一看英国的历史，也会发现，如果没有贵族、骑士、自由农民与约翰王的冲突和对抗，就不可能有后来的《大宪章》。

其三，对抗和冲突不是目的，而是达成目的的过程。经过一段时间的争吵和对抗之后，人们终将在混沌中找到出路。正如一个人的青春期，它是人生最混沌的时期，也是成长最迅速的时期，同时还是成熟必须经历的过程。

空灵阶段

当群体花费了足够长的时间争吵，仍然没有找到出路时，我会向他们解释："摆脱混沌只有两种方式，一种是进入组织系统，但组织系统强调规则，限制个性，不能建立真诚关系；另一种方式，就是进入空灵。"

多数情况下，小组成员会无视我的建议，继续争吵。不久之后，我会再次提醒："我向你们建议过，从混沌到真诚的唯一途径是进入空灵，但显然你们对我的建议并不感兴趣。"接下来仍然会有更多的争吵，直到终于有一位成员不耐烦地问："这个所谓的空灵是什么东西？"

人们不愿意接受"空灵"并非偶然。"空灵"是一个神秘的概念，但这并不是人们遏制它的原因。每个人都是聪明的，在潜意识的深处，他们所知道的比他们想知道的要多得多。当我提到"空灵"时，他们其实已经预感到有什么事情即将发生，却拒绝接受，就像拒绝接受死亡一样。事实上，"空灵"也是一种死亡，是"自我界限"的死亡。前面说过，"自我界限"是捍卫自我的一道心理防线，也是内心之墙。它保护我们，却也让墙内的我们看不见外面的世界。

"空灵"就是拆掉墙，敞开心。

不过，无论是生理上的死亡，还是一种观念、思想、习惯或文化的消亡，都会令人难以接受，心生恐惧，因为任何东西的消失都会给拥有它们的人带来一种分离的痛苦。正是这个原因，所以，人们才想方设法保卫"自我界限"，抗拒它的消亡。

一位患有抑郁症的中年男人感到生活没有意思，十分空虚，他说他每天去上班，忙于生计，偶尔看一看电影，读几本书，背下几句名言，作为聊天的资本，以此填充空虚的生活。听上去，他的生活确实没有太大的意思。

"这一辈子，你有没有特别想做的事情，由于某种原因你没有去做呢？"

"当然有了，我上中学时，就想成为一名摄影家，去世界各地摄影，特别是去南极。"他说这些时眼睛变得明亮起来。

"那你现在为什么不去追求呢？"

"天呀，你是说让我离开自己熟悉的生活吗？"他有些吃惊。

这位患者害怕失去熟悉的生活，即使生活让他感到无聊、空虚和抑郁，他也不敢做出改变，还死死守在"自我界限"内，不愿意承受突破它的痛苦。

"自我界限"就像一个外壳，混沌中的人们，躲在"自我界限"后面，不是在沟通，而是在对抗。沟通最重要的一点，是倾听。真正的倾听，意味着放下自己的想法和欲望。换言之，就是让"自我界限"消亡，让自我进入空灵的状态，这样才能将全部注意力集中在他人身上，努力去体会说话人的内心世界和感受。本质上，倾听也是爱的一种表现形式，因为爱最重要的特征之一，就是放弃自我界限，让爱者与被爱者融为一体。如果我们不爱一个人，或者缺少爱意，就不会真正倾听对方。为了倾听别人，我们不仅需要把自己的事情放在一边，还需要放下已有的想法、观点和判断，全神贯注感受对方，这将给对方和自己带来巨大的力量。心理学家卡尔·罗杰斯说："如果有人倾听你，不对你评头品足，不替你担惊受怕，也不想改变你，这多么美好啊……每当我得到人们的倾听和理解，我就可以用新的眼光看世界，并继续前进……这真神奇啊！一旦有人倾听，看起来无法解决的问题就有了解决办法，千头万绪的思路也会变得清晰起来。"

　　心理医生治疗患者时，首先要学会用心倾听。根据我的经验，在心理治疗的最初几个月，大约有四分之一的患者，包括大人与孩子，即便还未接受真正的治疗，病情都会有明显的改善，主要原因就在于医生的倾听让他们拆掉了心中的墙，不再孤独和寂寞。而很多婚姻之所以出现危机，则主要是因为夫妻没有认真倾听对方，比如丈夫一边想着自己的心事，一边听妻子说话；或者妻子一边做饭，一边听丈夫说话，这种心不在焉的倾听，说明你还躲在自己的墙中，无法感受到对方的感受，并进入对方的内心。很多妻子抱怨丈夫不懂她，很孤独，而丈夫抱怨妻子不理解他，都是因为他们没有进行认真的倾听。如果在心理医生的安排下，完成一两次像样的倾听，夫妻一方甚至有可能动情地对另一方说："约翰，我们结婚 29 年了，但似乎直到今天，我才真正了解你。"

在建立真诚关系的过程中，虚伪团体，相当于化装舞会，人人带着假面具。混沌阶段，彼此之间高墙林立，每个人说话，都会撞上一堵墙。而进入空灵，则是"拆墙"，消除自我界限，将爱融入群体。在这个阶段，倾听和沟通尤其重要，需要注意以下几点：

一、穿透概念，触碰真实

人与人之间的高墙，多是由概念筑就的。当我们用概念化的语言给自己和他人贴标签时，也就在彼此之间筑起了一堵墙。

一次，一位女士因为儿子的问题前来寻求帮助，一见面，她就气呼呼地说："斯科特医生，你知道吗，我儿子是一个愚蠢的人。"这位母亲用"愚蠢"作为标签，在她与儿子之间建起了一堵墙，不仅让彼此看不见对方，也让我不清楚真实的情况。每个人对"愚蠢"的理解都不一样，她口中的"愚蠢"，与我理解的肯定不同，这种概念化的表述很容易引起误解、敌意和冲突，是沟通最大的障碍之一。我要与她沟通，就必须先拆墙。

"你所说的'愚蠢'具体是什么意思？"我问。

"我们为他选择了名牌大学，也愿意给他提供资金支持，可是他却偏偏要去当兵，您说他是不是天底下最愚蠢的人？"

我也曾违背父母的意愿，放弃埃克塞特贵族学校，而选择"友谊学校"，如果按照这位女士的观点，我也是一个"愚蠢的人"。当"愚蠢"这个概念横亘在她与儿子中间之后，彼此真实的感受和需求就被隐蔽了，她无法触碰到儿子的感受，而儿子也无法感受到她的需求，双方都把冲突的责任归咎于对方。

为了深入沟通，我必须继续拆掉她用"愚蠢"构建的墙，让她将真实的感受完全暴露出来。

"你的儿子是不是让你感到沮丧和失望？"我问。

"是的，不止这些，还有愤怒。"她回答。

"你愤怒时，是不是感到自己在培养儿子这件事情上有些失败？"我又问。

"没错，我的确觉得十几年的努力都付诸东流，真是很失败。"她想了一会儿回答。

"这么说来，你沮丧、失望和愤怒的原因，是因为儿子没有听你的话。"

"一点不错。"她点头。

"换一种说法，或许正是由于你对儿子的行为不理解，所以，你才说他愚蠢，是这样吗？"我步步紧逼，拆掉这堵墙最后一块砖。

"或许是吧？他的行为真是不可理喻。"看起来，她已经不像来的时候那样生气了。

"作为心理医生，我不会轻易确定一些事情，但有一点我却很确定，那就是你儿子不是一个愚蠢的人，只是一个与你不一样的人，我建议你试着去理解他，倾听他究竟是怎么想的。我相信在你倾听他的时候，他也会理解你。"

回家之后，这位女士抽出时间，认真倾听儿子，儿子感觉自己被倾听之后，变得更坦诚更开放，更愿意把内心所有想法都呈现出来，而不是有所保留和隐藏，这样的倾听不一定能一下子解决冲突，却能增加双方的理解和信任。后来这位女士告诉我："虽然很遗憾，儿子没有去上大学，但我知道了他的想法。医生，你说得对，我儿子绝对不是一个愚蠢的人，他只是一个很有想法的人。"

从这个故事中，我们可以看到，人们总是会用"他是一个好人""他是一个坏人"或者"他是一个愚蠢的人"等，这些概念化的语言来描述别人，不仅抹杀了别人生动的个性，也隐藏了自己丰富的内心世界。那位母亲就是这样，她用"愚蠢"这个词，隐藏了内心的沮丧、失望和愤怒。而有价值的沟通从来不是在概念与概念之间转来转去，而是能穿透概念，触碰真实，聆听到自己和他人内心深处的呼声。

二、观察，而不是评判

一次，我在洛杉矶针对婚姻问题，举办了一次活动，一对夫妻参加进来。当谈论对婚姻的感觉时，这位妻子说道："我觉得我嫁给了一杆秤。"这个比喻很生动，吸引了所有人的注意力，却并不明白其中的意思。

我对她说："你能说得再具体一些吗？"

她将目光转向自己的丈夫说："他每天都在评判我，说我昨天瘦了，今天胖了，这件事做得不好，那件事还行……我感觉自己就像一件物品，他就像一杆秤，无时无刻不在衡量我的对与错，以及生命的重量。"

她的话立刻引起了很多人的共鸣，因为在我们身边总有一些人喜欢评判别人，而他们的评判常带有强烈的主观色彩和偏见，并不是一杆公平的秤。在频繁建立真诚关系的活动中，我遇见过各种各样的人，有的男性比较女性化，而有的女性也比较男性化。有一次，我无意中听见一个人对另一个说："你瞧，那个刚进门的男人娘娘腔十足，我敢打赌他一定是个 gay。"事实上，我们每个人都会忍不住评判别人，有的人会表现出来，而有的则在心中暗暗评判。有时候我也会在心中评判别人，比如在冲绳岛，我第一眼看见脑瘫跛脚的亨利时，就忍不住在心中评判："天呀，他怎么是这样一个怪物。"但后来，我发现他是一个非常有灵性的人。同样，在很多次活动中，我都发现我最初的评判是错误的，比如第一次与某人见面时，我评判他是一个木讷的"书呆子"，后来我发现他是一个非常有天赋的人。

事实上，评判是因为自己还滞留在内心的墙中，是一种条件反射似的反应，一种无意识的行为，源自我们长期形成的心智模式和习惯。而撤掉心中的墙，进入空灵状态之后，我们就会放弃评判，学会观察。

观察，就是不带任何喜欢或讨厌的心情，去接触一个人，看待一件事，去感受当下。例如，当群体进入混沌阶段后，经常有人愤怒地指责我："斯科蒂，你太缺乏领导力了，所以才导致现在这种混乱局面。"一般来说，遭到别人的批评和质疑时，我们会生气，本能地还击，或者退缩，但是，如果我们学会观察，而不是反驳他人，就不会以牙还牙，或者逃避，而是会留意正在发生的事情，感受他们内心情绪的变化，以及深层的心理需求。因为在愤怒这种尖锐情绪的背后，往往隐蔽一种更柔软的情感，那就是渴望被理解、被接纳、被安慰。这样的观察总能让我受益匪浅，并能根据实际情况，让群体迅速进入空灵阶段。

虽然每个群体都有相似之处，但它们犹如刚出生的婴儿，每一个都有一张新面孔，我过去从来没有见过，将来也不可能再见到，我需要不带成见去观察。如果我带着过去的经验和习惯来看待现在这个群体，这就不是观察，而是评判。评判是用过去解读现实，猜测未来，本质上是对现实的扭曲，对未来的妄想，只有观察才能接近现实，接近真实。正如克里希那穆提所说："不带评判的观察是人类智慧的最高形式。"

三、表达自己，但不伤害别人

在空灵阶段，我们需要表达自己，但这种表达就像观察一样，是一种客观陈述：我喜欢什么，不喜欢什么；我什么时候勇敢，什么时候害怕；什么事情让我高兴，什么事情让我伤心……我们像观察别人一样观察自己，并将观察到的结果客观表达出来。一般来说，男人更擅长表达思想，而女人更擅长表达情感。

　　表达自己最重要的一点，是不要伤害别人。

　　在一次建立真诚关系的活动中，一位女士听完一位男士的发言后说："没想到你会说这样的话，你太让我失望了。"女士的话，立刻招来了那位男士的强烈反击。有很多人不会表达自己，总是出口伤人，似乎只有伤害别人，才能表达自己的感受和想法一样。这其中一个重要的原因，就在于他们不愿为自己的感受负责。虽然别人的言行会影响我们的感受，但起决定作用的却是我们自己。听到同样的话，有的人可能选择愤怒，有的人可能选择一笑而过，也有的人可能选择思考其中的原因。我们的感受深深扎根于我们的内心。我们完全可以通过观察和表达感受来深入内心，而不是把感受归咎于别人。

　　遗憾的是，很多父母会把自己的感受归咎于孩子："你这样做，让爸爸妈妈很伤心。"或者夫妻之间，一方对另一方说："你都快把我逼疯了。"以这样的方式表达自己的感受，不仅会伤害别人，也会错失自我认识的良机。

　　如果我们能够为自己的感受承担责任，不再条件反射似的反应别人的言行，就能有意识地洞察自己和他人内心的感受，由此，我们既能够真实、清楚地表达自己，也能敞开心扉，倾听他人。

四、接纳，而不是治疗

在混沌阶段，人们躲在心墙之中，傲慢自大，以救世主自居，认为别人都有问题，需要改变和治疗。这种情形就像夫妻之间认为对方有问题，需要看心理医生，或者父母认为孩子有问题，必须纠正一样。但是，经过激烈的争吵和对抗，群体进入空灵阶段之后，人们终于认清一个事实：你永远无法改变别人，别人也不需要你的治疗。对于无法改变的事情，尽管不愿意，但最终人们还是会选择接受。

几年前，在弗吉尼亚州的一次活动中，人们因为信仰问题争论不休，群体分成了两派，每一派都认为自己掌握了真理，但36个小时以后，在筋疲力尽中，双方却有了一个共同的认识，那就是谁也说服不了谁，谁也改变不了谁。

之后，他们便开始放下自己的观点，耐心倾听对方，没有了争吵，只是冷静地陈述不同的观点。看到这种情景，我说："这很有趣，今天你们对信仰的谈论和昨天相比并没有减少，从这方面看你们没有变，发生变化的是你们谈论的方式。昨天你们谈论信仰的时候似乎对它了如指掌，好像它就装在你的口袋里似的，而今天，你们都以谦卑而幽默的态度来谈论。"事实上，他们在倾听中，完成了由无所不知到知之甚少的转变，实现了由自大到谦虚的飞跃。

五、放弃自我，走进空灵

"空灵"是自我界限的消亡，意味着我们必须放弃旧的观念、习惯和思维方式，还必须放弃我们顽固的控制欲，但放弃这些东西就相当于自我的一次死亡，所以，人们害怕"空灵"，就像害怕死亡一样。

在一次活动中，一位成员失声痛哭，问我："我必须放弃一切吗？"

"不，只是放弃阻挠你前进的一切。"我回答道。

很多人放弃自我的时候，都表现得非常痛苦，马丁就是突出的一位。马丁是一位稍微有些倔强，看起来略显抑郁的 60 岁的男人，作为一个"工作狂"，他取得了很大的成就，甚至成了一位名人。在一次活动中，他与妻子都参加了。当群体即将进入空灵阶段时，马丁突然开始颤抖，并摇晃起来。短暂的一瞬间，我以为他可能是癫痫发作了。接着，在恍惚状态中，他开始痛苦地呻吟："我很害怕，我不知道发生了什么，我害怕空灵，我觉得我要死了，我感到恐惧。"

我们几个人聚集在马丁周围，抱着他，安慰他。"我感觉快要死了，"马丁继续呻吟着，"空灵，我不知道空灵是什么，我过去的每一分每一秒都在不停地做这做那，你们的意思是我其实什么都不用做？我很害怕。"

"是，你不必做任何事，马丁！"马丁的妻子拉着他的手。

"但是我一直在做事，"马丁继续说，"我不知道什么都不做会是怎样的，空灵，那就是所谓的空灵吗？放弃做事，我真的可以什么事情都不做吗？"

"是的，什么都不用做，马丁！"他的妻子回答。

有很多像马丁一样的工作狂，一直通过不停地做事和忙碌，来支撑自己，掩盖内心的空虚和寂寞，一旦让他们停下来，就像失去支撑一样，会感受到一种毁灭性的恐惧和痛苦。换言之，他们长期习惯了做事，什么事情都不做，会让他们感受到死亡般的虚无。不过，虽然做事和忙碌能让他们获得外在的成就，但却不能从根上解决心理问题。他们只有打破习惯的旧模式，以及旧的自我，才能获得心灵的救赎。而这也是马丁夫妇来参加活动的原因，

大约五分钟之后，马丁停止了颤抖，我们仍抱着他，他告诉我们，他对空灵的害怕，以及对死亡的恐惧，已经消退了。一个小时后，他的脸上开始呈现出一种柔和的宁静。他知道他陈旧的自我死亡了，一个新的自我已经降生。他也知道，通过自己的破碎，他帮助整个群体建立起了真诚关系。在这里，死亡并不代表终结，它是一场通往重生的考验，是新生活的开始。正如艾略特在诗歌中所写：

开始就是结束，
结束就是开始。

正是从结束之处，

我们从新开始。

在进入空灵阶段前，我常建议群体成员在休息时间或者夜里，默想他们最需要放弃的事情，我并没有一个详细的清单，因为每个人都是不一样的，所以他们需要放弃的东西也不同。有人说："我要放弃讨好我的父母"；有人说："我需要放弃强撑心理"；有人说："我要放弃对儿子的控制欲"；有人说："我要放弃对金钱过分的追求"；有人说："我要放弃对上司的愤怒"；有人说："我要放弃对同性恋的厌恶"；还有人说："我要放弃我的洁癖"，等等。由于放弃的过程十分痛苦，所以人们通常会问我两个问题——

一个问题是："除了放弃，没有任何其他途径进入空灵吗？"

我的回答是："没有。"

另一个问题是："除了分担彼此的破碎，没有任何其他途径进入真诚阶段吗？"

我的答案依然是："没有。"

但正如马丁所经历的那样，进入空灵，会让人感到死亡般的恐惧，但却能令人获得"重生"。不过，即使我们从理智上认识到了这一点，依然会感到恐惧。在空灵阶段，许多群体成员往往在恐惧和希望之间陷于瘫痪，他们会错误地思考和感知空灵，不是将其视为一个置之死地而后生的过程，而是将其视为一种"虚无"或"湮没"。

对于这种心理状态，法国诗人阿波利奈尔用一首诗进行了
生动的呈现：

"到悬崖边来。"

"不行，我们会摔下去的。"

"到悬崖边来。"

"不行，我们会摔下去的。"

最后，他们来到悬崖边。

他把他们推了下去，他们却飞了起来。

在这里，我们又一次看到了生活中的一个悖论：绝望中隐
藏着希望，无能为力中隐藏着力量，放弃与得到永远不会相隔
太远。

无论是人生的重大转变，还是群体的转折，往往都会经
历一个由"无所不能"到"无能为力"的过程，这绝不是
消极，而是精神成长一次巨大的飞跃。美国心理学之父威
廉·詹姆斯说：

无数经历证明了一个成功的经验，这就是在无能为力时放
手……松开你紧握的双手，卸掉你肩上的包袱，对一切淡然处
之，你会发现自己不仅一身轻松，内心释然，而且还常常会获
得你梦寐以求的东西。

到这里，我们简单介绍了一下"空灵"，由于在建立真诚关系的过程中，"空灵阶段"十分重要，所以，我还将在后面用两章的篇幅详细讨论。

真诚阶段

经历过放弃，以及自我死亡之后，群体完全处于开放和空灵的状态之中，这个时候，我们便开始进入真诚阶段。

真诚阶段是将爱注入了群体，让尊重、理解、接纳、欣赏、共情，以及慈悲等，充盈在人与人的关系中，再也不是像过去那样任由自大、傲慢、偏见、憎恨、怀疑和敌意等，来主宰我们的心灵。

在最后这个阶段，柔和的安宁降临了。这是一种平和、宁静，整个房间沐浴在和睦的氛围之中。接着，一位成员轻轻地开始诉说关于她自己的事情。她变得异常脆弱，她诉说着自己隐藏最深的部分。而群体中的每个人耐心聆听着每一个字。没有一个人曾注意到她居然有如此绝妙的口才。

当她诉说完之后大家都沉默了，这沉默持续了很久，但并不显得那么久。这沉默之中没有潜藏的不安。慢慢地，源于这沉默，另一个成员开始了诉说。他同样深刻地剖析了自己，而不是试图去改变和治疗之前的那一位。他甚至没有尝试去回应

她。此刻的主题是他，而不是她。但群体中的其他成员并不认
为他忽视了她。他们所感觉到的是，他仿佛将自己也置身于祭
坛之上，并列地躺在了她的身边。

重又回归寂静。

第三位成员发言了。也许这是对前面的发言者的回应，但
这回应中并不包含改变或治疗的企图。它或许是个笑话，但不
是建立在取笑任何人的基础上。它也许是一首简短的诗歌，不
可思议地适合当下的情境。它可以是任何柔软而温和的东西，
但同样，它仍是一件礼物。

接着会有下一位成员发言。随着时间推移，会有很多的悲
伤和痛苦被表达出来，但也会有很多的欢笑和喜悦。会有丰盈
的泪水，有时是因为悲从中来，有时是因为喜极而泣，有时他
们会同时因为这两种感情的交织而落泪。然后，更神奇的事情
发生了。在没有人再试图对他人进行改变和治疗的时刻，非同
寻常的改变和治疗开始运作。

接下来会发生什么？这个群体已经建立起了真诚关系。

在这样的群体中，由于人们超越了狭隘和偏见，敞开心扉
接纳彼此，所以，人与人的关系与平时完全不同。诗人鲁米有
这样的诗句——

在对和错的观念之外，
还有一个所在。
我会在那里与你相遇。

当灵魂在那里的草地上躺下，

这个世界便如此完美，难以言表。

　　鲁米所说的"还有一个所在"，其实就是真诚关系。当人们消除以自我为中心的想法，不再用概念化的对错来评价人和事时，人与人的相遇就变成了心与心的碰撞，灵魂与灵魂的对话，在心心相印中，我们接纳别人，也被别人接纳，内心无比喜悦。

　　对于这种息息相通的感觉，有人曾有过这样的描述："在真诚关系中，我拥抱一个人，仿佛同时拥抱了所有人。"因为每个人的心都是相通的。我的妻子莉莉也有一个说法，令人印象深刻。当时，我们一起在田纳西州举办一次建立真诚关系的活动，当群体终于进入真诚阶段之后，整个房间洋溢着理解、共情，以及慈悲的气氛，这时莉莉指着一盏明亮的灯说："每个人都像一盏灯，却连接在田纳西州整个电能输出系统上。"

　　这或许就是真诚关系的秘密——我们是不一样的人，却又紧密地联系在一起，每个人都活出了光明。

进入空灵的方式

第六章

当我们放弃幻想，不再试图改变和治疗他人；
放弃执念，不再以为自己可以掌控一切，改变一切，
包括生死之后，这种空灵的智慧就会来临。

有一次，在佛罗里达演讲，做自我介绍时，我说："我不是学者，不是作家，也不是心理学家，严格来说，'心理医生'这个称谓也不能完全概括我……"

"那么您究竟是谁？"还没等我介绍完，台下传来一个刺耳的声音。

这个声音似乎有些不耐烦，多少还带有一点不礼貌，或者挑衅的味道，顿时空气凝固了，人们紧张地注视着我，看我如何反应。

我提高声音回答道："我是人，我最大的特征之一，就是从不把别人不当人！"

话音刚落，会场响起了一阵热烈的掌声和喝彩声。

然后，我继续解释说，一个人在不同的关系中，会获得不同的身份。例如，我们以"医生"称呼某个人时，只说明了他的职业身份；当他处在与妻子的关系中，他的身份则是丈夫；在他与儿子的关系中，他的身份是父亲；在他与父亲的关系中，他的身份又变成了儿子；而在某些特殊的时候，他的身份或许只是一个数字。每一个身份都说明了他的一部分特征，但却不能完全概括他。所以，要真正把别人当人，就需要去掉这些外在身份，让他作为一个真实的、活生生的人，呈现出自身的本性。而这个去掉外在身份的过程，就是进入"空灵"。

当然，在去掉外在身份的同时，我们还会去掉过去形成的观念和习惯、长期积累的经验和教训，以及好不容易才学到的知识，让自己成为一张白纸。在一次建立真诚关系的活动中，一名成员给大家讲述了他做的一个梦：

> 昨晚我梦到自己在一个商店里。售货员拿出三件东西让我挑选：一辆非常优雅的轿车、一条钻石项链和一张白纸。冥冥之中有个声音告诉我应该选择那张白纸。钱似乎不是问题，我完全可以选择轿车或项链。但是当我离开商店时，我莫名地认为自己的选择是正确的。这就是梦的全部。今天早上醒来回想起这个梦时，我感到困惑，为什么我会愚蠢地选择那张白纸呢？但现在，当我们聚在一起谈论"空灵"时，我意识到我确实做出了正确的选择。

从现实世界的角度来看，选择一张白纸实在是太奇怪了，但在心灵的世界中，这张白纸则是迷人的财富，意味着"空灵"。白纸就是空灵，空灵就如同一张白纸。古往今来，几乎所有民族的文化中都会涉及"冥想"。"冥想"的本质，就是清除杂念，让内心澄明。而禅宗的"无念"，放弃念想，也是为了让人的心灵变得像一张白纸。克里希那穆提说：

> 我们的内心必须澄明。只要做到这一点，我可以向你保证，一切都会进展顺利。只要内心澄明，你根本无须去做什么，事情自然会顺利进展。

克里希那穆提所说的"澄明"，就是"空灵"。但为什么进

入"空灵"状态之后，事情就会进展顺利呢？难道"空灵"能
赋予人魔法，改变一切吗？不，"空灵"并不能给人带来无穷
的魔力，恰恰相反，它最大的意义就在于，能让人充分认识到
自己的局限性，清楚自己是谁，有自知之明。而一个有自知之
明的人不会再去追逐幻想，不会改变那些根本就无法改变的人
和事。当他的内心平和之后，外面的事情自然也就顺利起来
了。或许，这就是空灵的意义。

让自我归零，就是空灵

前面说过，空灵，是自我界限的消亡，即自我归零，自我
是由过去丰富的经验和知识搭建起来的，归零之后，没有了经
验和知识作为支撑，人就会变得天真，但神奇的是，恰恰是这
种天真，让人充满了智慧。对于这一点，尼采用两段话做了精
彩的论述：

智慧基本上就是天真。知识是自我，智慧则是自我的消
失。知识使你充满信息。智慧使你成为绝对的空虚，但那空虚
是一种新的充满。

许多伟大的思想，就其表面来看，似乎与风箱没有什么两

样，但当其鼓胀作响时，内里却空空如也。

在这里，尼采用"天真"，"自我的消失"，以及"绝对的空虚"来定义智慧，并用空空如也的"风箱"来比喻伟大的思想，清楚地说明：智慧并不是一个人的智商，而是类似于佛教中的"般若"，即终极智慧，也相当于老子所说的"复归于婴儿"。而这种天真的智慧，并不是来源于知识和经验的积累，恰恰是因为它们消失之后才获得的。所以，让自我归零，就能进入空灵。**当我们放弃幻想，不再试图改变和治疗他人；放弃执念，不再以为自己可以掌控一切，改变一切，包括生死之后，这种空灵的智慧就会来临。**

库伯勒·罗斯是第一个有勇气研究死亡体验的人，她阐述了人们在面临死亡时所经历的五个阶段：否认，愤怒，讨价还价，抑郁和接受。

例如，当一个人患上癌症之后，首先会倾向于否认所面对的实情："他们肯定把我的实验样本与其他人的弄混了。"他可能会这样想，甚至说出来。然后，当他意识到情况并非如此时，会变得愤怒——冲着医生、护士和医院发火，怨怼家人。接着他开始讨价还价，并告诉自己："如果我回到教堂开始祈祷，我的癌症或许会消失。"或者，"如果我对自己的孩子再好一些，我的疾病将停止进一步恶化。"但是，当他意识到真的没有出路——一切都完了——就会变得抑郁。然而，如果他能够度过抑郁，将会到达第五阶段，在这一阶段中，他真正接受了即将到来的死亡，就进入了空灵。这是一个令人惊讶的阶段，充满了平和、宁静和灵性之光——几乎像是一次灵魂的复活。

但是大多数面临死亡的人并不会经历完整的五个阶段。多数情况下，仍然在否认、愤怒、讨价还价或者抑郁中死去，因为当他们进入抑郁阶段时，痛苦会令他们退回到否认、愤怒或讨价还价的阶段。他们无法"攻克"抑郁。

库伯勒·罗斯的成果最令人兴奋之处，不仅仅在于向我们展示了伴随着身体死亡的心路历程，还在于，每当我们做出任何重大的心理改变或者心灵开始成长时，都会按照这一顺序经历完全相同的阶段。换句话说，所有的改变都是某种形式的死亡，所有的成长都要求我们攻克抑郁。

比如说我有自大和固执己见的毛病，由于表现得太过明显，朋友们开始对我颇有微词。我的第一反应是矢口否认：他今天早上肯定是没从对的那一边起床，或者他只不过在生他妻子的气罢了。我通过这样的方式暗示自己，他们的批评真的跟我没有任何关系。如果我的朋友继续谴责我，我会生他们的气。我会想，他们有什么权利干涉我？他们又不了解我的感受，干吗不好好管管自己？但是，如果他们对我的爱足以使他们对我不离不弃的话，我会开始讨价还价：一定是我最近没有拍着他们的背，鼓励他们干得不错。于是我开始四处走动，对着我的朋友们开心地微笑，希望这样做能让他们闭嘴。但如果这样还不起作用——如果他们仍然坚持对我的批评——我终究会开始考虑这样一种可能性：也许真的是我的问题。这令人沮丧，甚至抑郁。但是，如果我可以从这种抑郁的感受中挺过去，思考它，分析它，我不仅可以辨识出我自身的毛病，还可以进一步隔离和标识它，并最终根除它，彻底摆脱它。如果我能够成功地让我自身的一部分逐渐消亡，我将以一个崭新的、更好的姿态，从某种意义上来说，作为一个复活者，从抑郁的困境中走出来。

　　库伯勒·罗斯关于临终阶段的描述与个人精神成长阶段和真诚关系的建立极为相似。实际上，空灵、抑郁和死亡是类似的，因为它们总是与我们为了实现变革所必须奠定的基石相依相伴。这些阶段是人性的基础，也是人类变革模式和规则的基础，无论是作为个体还是群体，无论是小群体的变革，还是大群体的变革，都需要经历这些阶段。

　　空灵、抑郁和心理上的死亡之间可以画上等号。它们是混沌与真诚关系之间，堕落与复兴之间，僵化与改变之间的桥梁。

　　泰戈尔说：只有放弃生命，才能得到生命。愿意放弃"旧我"，才能得到"新我"，只有让自我归零，进入空灵，我们才会得到更好的东西。

外表的疯癫，或许意味着内心的巨变

　　进入空灵，有很多方式，有一种方式，是疯疯癫癫。

我的祖母朱丽叶是一个身材娇小、宽容大度、性情温和的淑女，但是到了 79 岁时，却变得格外挑剔，整日里抱怨，发无名火，内心总有一股怒气。每年复活节和圣诞节时，她都会对我和哥哥说："哼，这是我最后一次过节了，老奶奶在你们身边不会太久了。"虽然她嘴上说离死亡不远了，但从她的抱怨和愤怒中可以看出，她有一个非常庞大的自我，想要控制一切事情，包括衰老和死亡，对于一切无法控制的事情都会抱怨和愤懑。

不久之后，一天晚上，她因肠梗阻被送进了医院急救。经过简单的手术，治好了她的肠梗阻，却带来了更严重的疾病：葡萄球菌败血症。这是一种抗青霉素的细菌，非常危险。祖母在重症监护室昏迷了两个星期，几乎注射了所有实验性的抗生素。每天医生都会对我祖父说："你妻子也许熬不过今晚。"

当时，我正在上大学，去医院看过祖母一次。她昏迷不醒，我在她的病房里待了大约五分钟，她仿佛只是一具枯萎的身体。后来，祖母活了下来，只不过，她疯了，没有丝毫理智可言。一个星期过去了，两个星期过去了，三个星期过去了，她整天都陷入幻想，疯疯癫癫。医生表示，她可能永远都不会再像一个正常人那样生活了。于是祖父开始寻找适合她的疗养院。

第二次去医院看祖母时，她比第一次植物人的状态要好一些，但似乎不认识我了。那时我还没有经过严格的医学培训，但凭直觉我认为，她并没有看起来那么疯狂，她似乎不是无法跟我说话，而是不愿意与我说话，我感到她非常愤怒，对自己的衰老、疾病，以及死亡。

五个星期后，当我们准备将她转到一家疗养院时，她从床上坐了起来，宣布："我今天要回家。"

"亲爱的，您已经病了很长一段时间了。"祖父说。

"我知道我病了，但现在我好了。"她说。

"但是，您去疗养院能够得到更专业的照顾，非常舒适。"祖父说。

"我知道你们为我找了疗养院，但是我要回家。"祖母说。

"您知不知道您已经精神错乱了好几个星期？"祖父问。

"我当然知道自己疯了一段时间，但现在我没疯，我要回家，就今天。"祖母说。

当天下午，她就回家了。

从那以后，祖母不再抱怨，也不再愤怒，活得无比快乐。对于祖母如此巨大的变化，我感到困惑，后来，学习精神分析之后，我才明白，她精神错乱的那几个星期，其实就是她放弃掌控生死的执念，进入空灵的时期。空灵能给人精神上的自由，却有可能先要经历精神上的发疯。不过，虽然祖母对外表现得疯疯癫癫，但内心走向空灵的步伐却在全速前行，并最终接纳了命运。

后来，我与莉莉相爱，并订婚，父母因为莉莉是中国裔的新加坡人而勃然大怒。结婚前一个月，我与莉莉去看望祖母。她对我们说："我不能说我赞成你们的婚姻，因为那是谎言，我不能欺骗自己，更不能欺骗你们。但我不赞成又有什么关系呢，这是你们的婚姻，你们的选择最重要。我已经不再像以前那样幻想掌控一切了，以后我绝不会再提这件事情了。"她的声明并不能当成一种祝福，但在我的家中，这或许是唯一清醒理智的反应，几乎可以算是一种祝福。

过了几年之后，祖母在家中平静地离开了人世，享年 91 岁。

我或许可以用尼采的另外一段话，来理解祖母的人生，尼采说：

人的精神有三种境界：骆驼、狮子和婴儿。

第一境界骆驼，忍辱负重，被动地听命于别人或命运的安排；

第二境界狮子，把被动变成主动，由"你应该"到"我要"，一切由我主动争取，主动负起人生责任；

第三境界婴儿，这是一种"我是"的状态，活在当下，享受现在的一切。

祖母在 79 岁前，处在第一精神境界中，她就像骆驼一样，宽容大度，性情温和，被动地听命于别人或者命运的安排，与世无争。但到了 79 岁时，她想变被动为主动，试图掌控一切，包括生死，这让她变得像一头狮子，整天抱怨、生气和怒吼。在医院经历神经错乱之后，她知道了自己是谁，不再想入非非，于是进入了第三精神境界——婴儿。事实上，我祖母在后来这几年，活得就像一个婴儿，天真、活泼、风趣、幽默，享受着生命中的每一天，每一个时刻。

沉默留出的空间，恰是进入空灵的路

我的祖母通过疯疯癫癫，进入了空灵，而很多人则是通过沉默进入空灵的。山姆·基恩在谈到沉默时写道：

沉默是一项纪律，需要高度成熟的自我认知和无畏的真诚。如果没有这项纪律，每一个当下，都只是对曾经目睹过或经历过的事情的重复。为了创造真正的新事物，为了让人、事、物独树一帜的当下在我的心中扎根，我必须放弃以自我为中心。

沉默是进入空灵最重要的方式之一，我经常使用沉默引导群体进入空灵，这并非偶然。因为当群体争吵得乱七八糟时，沉默可以让我们回归内心，回到当下。有人说"沉默总在说话之前"。我们的确可以这么理解，说话必须以沉默为背景，不加以停顿的声音不能称其为语言。最近，一位著名的歌唱家邀请我去他家做客，聊天时，他告诉我："在贝多芬的乐曲中，一半以上的时间都是沉默。"

没有沉默就没有音乐，只有连续的噪音。

同样，精神上的自满，也会发出持续不断的噪音，就像群体处在混沌阶段一样。但这种自满的噪音却可以通过沉默来化解，并成功进入空灵。我岳母生命中的最后七年是在养老院度过的，这是经过很多医生和我们自己仔细考虑后，做出的明智决定。在疗养院中，她大部分时间选择不说话，莉莉称之为"母亲的沉默岁月"，但她却非常快乐，似乎进入了某种境界。这世上，总有一些人选择沉默，比如，一些修女和修士自动退出俗世的沟通，以便追求灵性的成长。沉默，是回归内心的路，即使短暂的沉默，也具有极大的价值。

在一个国际研讨会上，全体会议之后，小组讨论时，一位来自非洲加纳的老师提出，他不理解在之前的讲座中所提到的"受苦的意义"。

"这是我听过的最荒谬的事情了，"他大声说，"受苦有什么意义？"

"受苦当然有意义。"小组中的每个人几乎都肯定地回答，并引用各种权威人士的言论。但每次反驳都让这个非洲人更加坚持自己的观点，并竭尽全力维护它，"我之前从未听说如此荒谬之事。"然而他越是积极反抗，小组成员们就越固执地试图改变他的想法。喧哗声升级，我们这个完全由成年人构成的小组变得像老师缺席一小时之后的三年级教室般嘈杂。

"快停下，"我突然喊道，"这个房间里所有人的智商应该都在 120 以上，我们显然可以更好地沟通，让我们停下来静默三分钟，看看会发生什么。"

小组成员们照做了。

静默之后，一个美国人开始诉说他有多爱他的儿子。他说，事实上他当时正在想儿子，这让他颇为心痛。他早上接到妻子的电话，说儿子生病住院了，他担心他的健康。他告诉我们，他的孩子是他生命中最重要的一部分，但现在，他对儿子的爱使他感到非常痛苦。

"啊，现在我明白了，"非洲人兴高采烈地欢呼起来，"当然，爱是痛苦的，所以受苦是有意义的，就像我们的孩子令我们感到痛苦一样。"

不难想象来自不同文化的人们之间，每天会产生多少次这样的误解和分歧，因为我们不能消除那些固有的成见，不能将我们从自己的文化和习惯中解放出来。我想起了赫鲁晓夫来到美国的时候，在一次演讲开始时，他将双手紧握在头上，像个刚刚在拳击比赛中获胜的趾高气昂的职业拳击手般上下挥舞着手臂！美国人震怒了，然而几年后，一位熟悉这种文化的人告诉我，这是一种传统的俄罗斯手势，意思是"为远隔重洋的友谊握手"。

即使在同一种文化，同一个家庭中，每个成员也都有自己的独特性，我们应该予以尊重和理解，不能按照自己的特征和习惯去要求别人。强行要求别人，很容易滑向邪恶。丈夫要求妻子跟他一样，或者妻子要求丈夫跟她一样，上司要求下级跟他一样，一个民族要求另一个民族跟他们一样等，不管出于什

么目的，打着什么崇高的旗子，这种以自我为中心，强迫别人
与自己一样的心理和行为，最终都会走向邪恶。英国著名经济
学家和哲学家弗里德里希·哈耶克说："在这个世界上，平等
待人和试图使他人平等这两者之间的差别总是存在的。前者是
一个正常社会的前提条件，而后者意味着一种新的奴役方式。"
比如一些父母怀着美好的意愿去塑造孩子，希望他们将来过上
体面的生活，但是恰恰是那些想让孩子变得体面的努力，却让
他们的生活变成了人间地狱。

所以，当遇到不同的人，听到不一样的观点时，我们不应
该立即反驳，而应该沉默一会儿。立即反驳是对刺激的条件反
射，沉默则会让我们沉思，而沉思会让我们变得谦虚，更具智
慧和觉察力。著名心理学家维克多·弗兰克是纳粹大屠杀中的
一名幸存者，他曾经说过一段意义深远的话："在刺激与反应
之间，有一片空间。在那片空间里，我们有能力选择自己的反
应。在选择性反应中，我们获得了成长与自由。"

维克多·弗兰克所说的"一片空间"，就是沉默。沉默能
给思考留出时间，让我们仔细观察、反思和琢磨。在反思中，
我们会拓展视野，给"其他事"腾出空间，其他事是什么？几
乎可以是任何事情：陌生的人，陌生的事，陌生的文化，意想
不到的观点，以及相抵触的行为等。所以，沉默留出的那片空
间，恰是进入空灵的路。

空灵与消极感受力

"消极感受力"这个概念，最早是由英国著名诗人济慈提出来的，他在给朋友的一封信中写道：

莎士比亚具有一种独特的消极感受力，即，有能力经受住不安、迷茫和怀疑，而不急于弄清事实，找出真相。

人在遇到问题时，大多数人会有两种反应，一种是回避问题，尽量拖延，希望问题在拖延中自行消失。另一种是，问题一出现，就想立即解决，否则，便会头昏脑涨，寝食难安，这些人想尽量缩短与问题接触的时间，尽快脱身，不愿意花时间忍受问题带来的不舒服的感受。上述两种反应都不切实际。心理治疗特别忌讳第二种反应。如果遇到病人，心理医生带着"急于弄清"病情的心态，那么他与病人的交谈就不会深入，结论也是草率的，错误的。正是出于这样的原因，弗洛伊德提醒我们要时刻提防这种心理。

还有一种少数人具备的反应，就是运用"消极感受力"，以极大的耐心和勇气去承受问题所带来的烦恼、不安、迷茫和痛苦，并花足够的时间与问题接触，把自己浸泡在问题中，既不逃避拖延，也不急于解决，而是仔细观察问题，分析问题。由于这种反应并不"急于弄清事实，找出真相"，所以才被冠以"消极"一词。但消极只是表面现象，在忍受烦恼、不安和迷茫的过程中，人们能够逐渐消除狭隘与偏见、自大与自满，进入空灵。

一位行医布道的圣人运用这种能力，进入空灵的故事，或许能给我们启迪。

这位圣人与门徒们长途跋涉后，到达一座城市，他们在城市附近安营扎寨。疲惫不堪的圣人需要一段独处的时间来恢复元气。当时，门徒们正忙着处理杂务，而他则坐在阳光里，享受着阳光穿透血液的温暖，以及安宁寂静的时光，这让他感到分外轻松和舒适。

突然，一名女子翻过一座小山坡急匆匆地向他走来。通过她的服饰可以判断出她是一个外族人，一个卑微的外族人。她来到圣人的住地，破坏了宁静的氛围，这让圣人感到非常不舒服，甚至心生厌恶，他不愿意忍受这种不舒服的感觉，想要回避她。他转身回到帐篷，蜷缩在一个角落里。而她则开始用一种很难听懂的口音前言不搭后语地说起话来。顿时，圣人由厌恶转为愤怒，心想："她叽里呱啦说个不停，我一点也听不懂，她有什么权利无端打扰我的宁静？"圣人满腔怒火，想冲上去打她，踢她，把她赶走，但就在他快要发作的时候，突然意识到："为什么我如此缺乏耐心，不能承受这位女子带来的烦恼呢？"

他听到帐篷外那位女子还在持续不断地唠叨。门徒们想将她打发走，却没有成功。最后两名门徒走进了帐篷："师父，她始终不肯离开，如果您认为我们应该照顾她，我们一定照做。"

圣人沉默了一会儿，当他准备好承受这位女子带来的麻烦之后，说道："带她进来。"

门徒看上去像是吃了一惊，无声地站在原地。他重复道："请带她进来。"

帐篷的襟翼被拉开，那个肮脏的女子进来了。尽管圣人再次想退缩，但他提醒自己必须承受不舒服的感觉。

"师父，"女子跪了下来，"我的女儿生了重病，请您医治她。"

当圣人以极大的耐心倾听时，他忘记了她的装束，忽视了她的口音，竟然听懂了她所说的话。

"哦，天呀，又有人需要我去治疗。"他心里想，"我很累，我没有精力，在如此疲倦的时候，却要我去治疗一个外族人的女儿，太麻烦了。"不过，他转念一想："我必须忍受这种糟糕的感受。毕竟，那是个孩子，一个可怜的孩子。"

"师父，我知道，我女儿很卑微，但即使再卑微的生命也需要救治。"女子说道。

他想："天呀，我面前这个女子，她是多么谦逊啊。我怎么可能拒绝她。"

之前，圣人对这位肮脏的女子心生厌恶，怒不可遏，甚至想冲上去打她，是因为他心中有一个强大的自我，这个自我需要休息，被打扰之后，为了维护自我，还会怒气冲天。但在承受对方带来的烦恼时，圣人心中那个强大的自我却逐渐消失，他不仅听懂了女子的话，还被她深深打动。更神奇的是，伴随着这个自我的消失，他成功进入了空灵。空灵不仅驱散了他厌恶和愤怒的情绪，也让他的疲惫感迅速散去。后来，他帮助这位女子治愈了女儿的疾病。

"消极感受力"除了忍受问题带来的烦恼之外，还可以忍受事情的不确定性，以及由此带来的怀疑和迷茫。"不确定性"指不知道事情的全貌，以及发展的方向，似乎是这样的，又好像是那样的，处在迷茫或者模棱两可的状态中，给人的感觉是一颗心悬在空中，惴惴不安。

"不确定"的反面，是确定、一定、肯定和坚信，同时也伴随着固执、僵化、执念与偏见。而"不确定"虽然具有优柔寡断，莫衷一是的成分，却能在困惑与怀疑中，破除自我的固执和偏见，进入空灵。

没有怀疑，认为自己所作所为都是正确的，别人都是错误的，这种自大和自满根本就与空灵无缘。如果想进入空灵，就需要对自己曾经坚持的观点和形成的习惯，尽量怀疑。怀疑虽然有时会像针扎一样刺痛，却能把昨天的东西刺破，看见明天的路。苏格拉底说："怀疑是无限的探求。"

事物总是充满悖论，所以，那些智慧之人喜欢用"既是……又是……"的句式，而非"不是……就是……"的句式。接受事情的不确定性，在心中同时容纳两种以上相互冲突的观点和力量，带着矛盾思考并生活，既是进入空灵的大门，也是心灵成长的需要。

不过，一个人同时容纳两种以上截然相反的观点，并不是一件容易的事情，这会导致激烈的内心冲突，尤其是当两股力量呈 180 度的对立时，我们会感受到一种被撕裂的疼痛，不知何去何从，进退维谷，这样的内心冲突总是能把人逼疯。为了逃避内心的对立和冲突，人们会用一个观点杀死另一个观点，用一种力量杀死另一种力量，并在内心建立一道心理防线，防止相反观点和力量的侵犯，陷入"非黑即白"的偏见与固执中。要进入空灵，我们就必须打破这道心理防线，以不设防的态度对待一切人和事，让该来的来，该走的走，心无挂碍。下一章，我们将具体讨论另一个与"空灵"密切相关的概念——不设防。

不设防：空灵的桥梁

第七章

我们越是不设防，越是容易受伤；

但正是在伤痛中，我们才变得更坚韧。

The Different Drum

诗人罗伯特·弗罗斯特说："有好篱笆才有好邻居。"

每个人都需要篱笆来保护自我的疆域，但是如果就此故步自封，自我就会变得狭隘、僵化，充满偏见。所以，很多时候，我们也需要打开篱笆，不设防，让别人蜂拥而入。虽然挤进来的人流熙熙攘攘，嘈杂、混乱和无序，不仅打破家的安静，甚至还践踏了整齐的草坪，不过，在我们与这些陌生客人交流、碰撞和融合的过程中，自己则能听到很多闻所未闻的新消息、新观念和新思想，这会让我们变得不再那么封闭、狭隘，也不再以自我为中心。

我将"不设防"，定义为"对其他事物保持开放的态度"——不管是一个奇怪的想法，一个陌生人，一种与自己相冲突的文化。不设防，是为了敞开心之大门，拿出勇气去接纳与自己不同的人，凝听不一样的鼓声。不过，当人敞开心扉、不设防时，不免会感到害怕，而接纳不同的人和事，则意味着必须打破内心的平衡，陷入冲突、愤怒、焦虑、抑郁，甚至绝望，但是坚持住，我们就会进入空灵阶段。

空灵是走向更高精神境界的必经之路，而不设防是通往空灵的桥梁。

但是，不设防同时也意味着危险：如果这个新想法是错误的，怎么办？如果这个挤进家中的陌生人是个凶手、逃犯，又会怎样？我们不会受到伤害吗？

事实的确如此。开放性要求我们不设防，能够并甘愿接受伤害和痛苦。但这不是一个简单的非此即彼的问题。伤害和痛苦是不好的，却又具有不可替代的作用。能感觉到疼痛，是身体健康的标志，麻风病人感觉不到疼痛，是因为传递痛感的神经细胞被摧毁了。

心理上的伤害与肉体上的伤害一样不可避免，同时心理上的痛苦也远比身体上的痛苦复杂。一般来说，心理痛苦代表有些事情不对劲。当我们感觉悲伤时，通常是因为外界发生了一些事情，比如，亲人去世。当我们感到绝望时，通常是陷入了走投无路的困境。当我们感到愤怒时，表明我们有可能与某人和某事发生了冲突。如果我们没有接收到这些情绪信号，麻木不仁，可能就是心理出现了问题。

一天，我的诊疗室来了一位20多岁的女子，长得非常漂亮，穿着打扮得也十分精致。

"我觉得我的心理很健康，一点也没有问题。"她坐下后迫不及待对我说。

"那么你为什么来见我呢？"我好奇地问。

"家人逼迫我来的。"她脱口而出。

"他们为什么会逼迫你来呢？"我问。

"因为我比他们聪明、反应快、精力充沛，他们就觉得我有问题，让我来看心理医生。"她说。

谈话时，她声音清晰、响亮，一点也不沮丧，表现得轻松、愉快，但我却明显感觉到她的思维比较奔逸，这种奔逸的思维一个念头接一个念头，虽然自己感觉变聪明了，但其实漂浮不定，情绪也不稳定。

"家人让你来看心理医生，除了觉得你聪明之外，还有别的原因吗？比如，你最近花钱多吗？"

我之所以这样问，是因为有一种心理疾病，叫躁狂症。病人整天精力旺盛，似乎变聪明了，自我感觉良好，却让家人苦不堪言。躁狂症最明显的特征之一，就是疯狂购物，异想天开地投机冒险，一夜花光家中的积蓄。

"或许，就是因为我一个月花光了父母给我三年上大学的钱，所以他们才逼我来这里的。"她说。

显然，这位女子患有躁狂症，虽然她对自己躁狂的情绪毫无察觉，感觉不到痛苦，却给家人带来了无尽的烦恼和痛苦。

虽然有些心理疾病会让患者本人感到痛苦，但也有一些患者就像上面那位女子一样，一点也感觉不到痛苦，麻木不仁，尤其重要的一点，即使有些病人感到痛苦，他们也不会认为是自己的原因，而是认为自己的痛苦都是别人引起的，他们会把自己内心的冲突投射到别人身上，认为别人才是自己痛苦的根源，不会觉得自己有心理疾病，也不会主动来看心理医生。所以，身体有问题的人都会去医院，而心理有问题的人，通常都是被家人或警察强迫去看心理医生的。就算他们愿意来，也只是激烈冲突的开始，因为肉体痛苦的人会全心全意欢迎治疗，而心理痛苦的人通常不太愿意接受治疗，他们希望摆脱痛苦，但又绝望地抓住造成痛苦的病因不放。他们希望感觉好一些，却又不想做出任何改变，常常因此放弃心理治疗，宁愿保留痛苦。

任何心理治疗，都需要病人做出改变，这意味着先要打开自我的篱笆，敞开心扉，不设防。但这样势必会带来风险，因为在鱼贯而入的人流中，可能有陌生人、聪明人和傻子，根据我的经验，你还有 1 ／ 2500 的概率碰上一个邪恶的人。如何才能避免自己不遭受伤害呢？重要的是，你要根据自己的情况分别对待不同的人。事实上，如果你真的不设防，进入了空灵的境界，也就变得火眼金睛，洞察人性，很容易辨识谁是善良之人，谁是凶手和逃犯。

爱的特征之一，就是不设防

我们只有敞开心扉，不设防，经历希望与绝望，勇气与恐惧，喜悦与悲伤，笃信与怀疑，愤怒和痛苦，接纳与拒绝，才能真正进入空灵。缺乏这种情感的动荡，宛如死水微澜，人就会失去活力、热情，以及爱的力量。

在一次有危险的心理治疗中，我的任务是判断一位对此十分感兴趣的心理医生是否适合成为治疗小组的成员。我们要治疗的人，是一位攻击性很强的妄想狂，需要心理医生在患者攻击他时，也要接纳，不要逃避。我的内心十分纠结，不知道这位心理医生是否能够做到这些。最后只有把最终决定权交给他自己。我对他说："只要你心中有爱，我们欢迎你加入我们的团队。"

我对他解释说："我所说的爱，指的是你必须放弃自我保护意识，不设防，承受患者的攻击和伤害。"

如我所料，他决定不参加，放弃了。

很多人把爱理解为幸福、甜蜜或者美好，虽然这些也是爱的特征，但爱最重要的一个特征，就是不设防，向对方敞开心扉，接纳对方的一切，这无疑会带来伤害。纪伯伦在谈到爱时说：

当爱召唤你时，跟随他，

不管道路多么崎岖，陡峭。

当爱展开羽翼拥抱你时，依从他，

即使深藏在羽翼之中的刀剑可能伤及你。

……

如同谷穗，爱先把你捆扎起来。

他舂打你，使你胸怀坦荡。

他筛分你，使你摆脱无用的外壳。

他碾磨你，使你臻于清白。

她揉捏你，使你顺服。

然后他用神圣的火焰来处置你，使你成为圣宴上的圣餐。

所有这些都是爱要对你所做的事情，以使你知晓内心的秘密，而这样的认知会变成你生命的一部分。

倘若你惧怕舂打，只求爱给你欢愉和安宁，

那你最好裹起身体，逃离爱的打谷场吧。

但你躲进的那个世界，没有春夏秋冬的更替，你能笑，却

永远不懂什么叫开怀大笑。你能哭，但永远不懂得什么叫撕心
裂肺。

　　爱除了自身什么都不会施与。

　　爱除了从自身处什么也不会拿走。

　　爱不求占有，也不被占有。

　　……

　　爱除了实现自己，一无所求。

　　……

　　爱，首先需要打破自我的疆界，不设防，完完全全敞开胸
怀，接纳对方。很多相爱的人都知道，爱一个人其实就是允许这
个人伤害你，折磨你，这需要你具有承受伤害的能力。即使对方
是带刺的玫瑰，会刺痛你，你也不能退缩。即使对方捆扎你，舂
打你，筛分你，碾磨你，揉捏你，你也不要畏惧，因为正是在这
种撕心裂肺的破碎中，一个空灵的自我才会来临。克里希那穆提
说："爱是危险的事情，但却可以带给我们彻底的改变和完整的
幸福。"如果因为惧怕，不敢敞开心扉，将自己紧紧包裹在自我
的疆域中，成为一个"局外人"，那么你的生活也就如同没有春
夏秋冬的世界，始终处在枯燥、无聊和乏味之中，而你的生命也
是肤浅的，没有多少存在感，也没有多少意义。

　　一个处处设防的人，很难释放出心中的爱，而那些心中充
满爱的圣人则总是"单方面解除武装"的人，他可能坦然地行
走在麻风病人、流浪汉，以及在艾滋病人中间，几乎对所有人

都不设防。

但不能过分简单地去理解我所说的这些话。我不是在谈论一种愚蠢的不设防。我并不是建议你现在就从门上把所有的锁都取下来。假设你住在美国首都的市中心，你这样做肯定会遭殃，而且不会等到明天，今晚就会发生。我所说的不设防，是心理上的，而不是放下生活中的安全意识。

把自己完全暴露出来

由于恐惧，以及为了寻求安全感，人们的心理防线往往表现得顽固、僵化和单一，有时也很可笑。这样的人甚至对我说过："派克博士，如果你能告诉我一种方法，可以在不承担任何风险的情况下卸下武装，我很乐意尝试一下不设防。"

不设防，一定会带来风险，但我们必须再次学习以更矛盾的方式进行思考，并且同时考虑多个层面。我们有责任运用自己的智慧去辨别应该向谁展现出不设防的姿态，拒绝向谁展现，何时展现，通过何种方式展现，以及展现到何种程度，以便巧妙地躲避许多陷阱，毕竟世间并不存在没有风险的不设防。

不设防，意味着把自己完全暴露出来，包括暴露自己的缺陷、存在的问题、神经质、罪恶或失败——所有这些在我们顽强的"孤狼"习性中都被视为"弱点"。这是一种荒谬的看法，因为现实是，作为个人或者群体，我们都很脆弱，都有缺陷和弱点，试图隐藏它们就是在说谎。

不设防不仅要求我们具备承受被伤害的能力，还要求我们能暴露自己的伤疤：我们的创伤，我们的缺陷，我们的弱点，我们的失败和悲伤。不完美是我们人类少有的共性之一，只有在明显的脆弱和缺陷中我们才能意识到真诚关系的美好。马可·奥勒留说："人是可怜的，也是伟大的。人常常被困于有限与无限的两难境地，自我正是结合了灵性的无限和肉身的有限。"人始终处于有限和无限、光明与黑暗、确定与不确定之中，这是我们最真实的状态和处境，必须对此有深刻的认知，不能自欺欺人。

我有时把心理治疗称为诚实的游戏，来治疗的人们被谎言所困——无论是来自父母、兄弟姐妹、老师、媒体的谎言，还是他们自编自导的谎言。总之，他们用谎言设置了一道道心理防线，需要在彼此尽可能诚实的氛围中突破，展现出不设防的状态。心理治疗师应该适时地以身作则，首先对患者不设防，坦言自身存在的缺陷，才能让对方不设防。好的心理医生首先应该是一个诚实的人，不隐瞒自己的缺陷和脆弱，正如有人在建立真诚关系讲习班中所说："我们能够互相赠予的最珍贵的礼物就是我们自己的创伤。"真正的治疗者必然受过伤，而只有受过伤的人才知道应该如何治疗伤痛。

然而，作为一个人，我们总是试图表现得完美无缺，并不会更多地承认自己所犯下的错误。在我们的内心深处都有一个理想化的形象，认为自己在各方面都无懈可击，生活在这种假象中，就如同驮着一层厚厚的外壳，愿意抛弃这层外壳，才会变得既脆弱又足够强大。

　　既脆弱又足够强大？我们再次面临悖论，这是此生无法回避的悖论之一，**我们越是不设防，越是容易受伤；但正是在伤痛中，我们才变得更坚韧。**尼采说："凡不能摧毁我的，必将使我强大。"

　　在建立真诚关系的过程中，必须涌现出一批勇敢的灵魂，必须采取切实的举措。当一个接一个的人真正冒着被抛弃或者被伤害的风险，将群体的不设防和真诚提升到一个更深的程度，真诚关系才能随之建立起来。

融合性和完整性

　　真诚关系具有融合性。它使不同性别、年龄、信仰、文化背景，以及不同观点和生活方式的人们融合在一起，这里所说的融合不是一个相互同化最终归于平庸的过程，而更像是做一道可口的沙拉，在保留原材料特质的基础上升华出别具一格的风味，达到 1+1>2 的效果。真诚关系并非通过消除个体差异来组成群体，而是寻求多样性，接纳不同的观点，拥抱对立面，渴望了解事物的方方面面，从而将人们整合为一个功能强大的有机体，可谓"包罗万象"。

"完整"这个词来源于动词"融合"。真正的真诚关系是完整的。著名心理学家埃里克·埃里克森（Erik Erikson）将"人格完整"定义为个人发展的最高阶段。这与荣格的"个体化"并不矛盾。一个人只有完整地将自己呈现出来，包括阴影与光明，怯弱与勇敢，自私与无私……他才是真实的、独特的。所以，埃里克森认为"人格完整"是一个人发展的最高阶段，与荣格说"个体化"是一个人发展的终极目标，都是同一回事，只不过表述的角度不同而已。与此相反，无论个人还是团体，其最低级、最具破坏性的特点是缺乏完整性。

要进一步理解"完整"或者"融合"，我们需要从它的反面入手。"融合"的反面是"区隔"，意思是将心中那些彼此冲突的事情，用打隔断的方式隔离开来，让它们处在不同的隔断内，相互不见面，以此掩盖内心的冲突。比如，当"善"与"恶"发生冲突时，他们会把"善"放到一个隔断内，把"恶"放进另一个隔断内，一个隔断里的事情，绝对不与另一个隔断里的事情产生矛盾，总是相安无事，井水不犯河水，似乎这样就可以避免良心谴责所带来的针扎似的痛苦。正因如此，我们常看见一些人在处理复杂事物时的怪异行为，例如，一个商人在周日早晨去教堂，相信自己是善良的，对人类充满了爱，却在星期一上午让公司向邻近的河流排放有毒废物。这就是所谓的"礼拜天早晨的基督教徒"。这位商人用打隔断的方式，对待不同的行为和感受，虽然表面上感觉不到冲突，非常舒服，但人格却被这些隔离区割裂得四分五裂，不再完整。他想用打区隔来掩盖冲突，最终却被冲突分裂。

保持完整永远伴随着苦痛。"融合"就是取消心灵中的隔断，让所有事务堆叠挤压在一起，阴影与光明、自私与无私，这些不同的需求和利益相互碰撞，必然会让我们的内心陷入冲突，让自己痛苦不堪。然而，这是心灵融合的必经之路。真诚关系也是这样，由于彼此的需求不同，为了保持成员和群体利益的一致性，每个人都必须保持充分的开放和坦诚。它并不试图避免冲突，而是尽力去超越冲突。而超越的过程，就是让自我死亡，进入空灵的过程。建立真诚关系总是推动其成员尽量保持空灵，为其他的观点，全新的、不同的理念腾出空间。它不断敦促自己以及其中的每一位成员痛苦地，但同时又是欢欣地追求更深层次的完整性。

尽管完整性很难实现，检验它是否实现的方法却似乎很简单。你只需要问一个问题：我们是否遗漏了什么，有什么被疏忽的地方？

25 岁时，我读到了由安·蓝德所撰写的引人入胜的巨著《阿特拉斯耸耸肩》，在这本书中，她为自己顽强的"孤狼"习性和无拘无束的哲学观创造了一个看似引人注目的案例。然而，这种哲学观里的某些东西却困扰着我——尽管我并不知道这种感觉从何而来，直到有一天我终于意识到，这本书中基本没有提到过孩子。这部描述社会大潮及人类生活多达 1000 页的全景小说，却几乎没有提到孩子，就好像她的社会中不存在孩子一样，他们被遗漏了。当然，如果有孩子存在，顽强的"孤狼"习性就会显得荒谬，站不住脚，所以，作者必须把孩子剔除，即故意遗漏。

五年后，在我接受精神病学训练时，我明白了一个道理：患者没有说出的话，比他们实际说出来的更重要。这条法则十分正确。例如，在一些心理治疗过程中，最健康的患者会非常完整地描述他们的现在、过去和未来。如果患者只谈论现在和将来，却绝口不提童年，那么基本可以确定其童年时期至少存在一个残缺的、悬而未决的重要问题，必须揭示这个问题才能使其完全康复。如果患者只谈论童年或未来，治疗师则可以告诉他主要面临的困难在于处理"此时此地"的问题——通常是在处理亲密关系和应对风险方面的困难。如果患者从不提及自己的未来，可以适当地引导他考虑自己或许在幻想和希望方面存在问题。

记得在最高法院决定废除种族隔离30年之后，我有机会在阿肯色州的小石城演讲。它面向公众开放，共有900人参加，没有一个黑人。当我环顾我的观众时，其中的不完整性显而易见。黑色的面孔被遗漏了。完整性的缺失反映了融合性的不足，以及某些东西被遗漏的现实。虽然我们在种族融合的历史进程中取得了长足的进展，但显然还有很长的路要走。

在我的生活中有一个幽默的例子，那时我在新加坡出生长大的妻子莉莉刚刚有资格获得美国公民的身份。我们当时住在夏威夷，当地的移民局问她是否介意要等到5月1日才能收到她的公民证件。他们正在计划在当天庆祝法律日，并大量引入新公民。莉莉同意了。因此，5月1日下午，她和我与其他大约200名新公民及其亲属，还有出席的政要们聚集在一个军事基地历史悠久的草坪上。

庆祝活动以阅兵式开场。与乐队一起，3个连的士兵围绕着阅兵场地行军了4次，步枪在下午的阳光下闪闪发光，之后他们在7个榴弹炮后方严阵以待，这些榴弹炮在接下来的环节中被用来鸣放21响礼炮。礼炮声结束后，夏威夷州长，一位身材高大、相貌出众的绅士起身讲话。他说："今天下午我们相聚在这里，为了庆祝法律日，在充满鲜花的夏威夷，我们也可以称之为花环节！然而，"他继续说道，"问题的关键在于，在美国，我们正用鲜花庆祝这一天，而一些国家正在举行阅兵式。"

没人笑，似乎没人看出其中的荒谬之处：这个人的身后有3个连的全副武装的士兵严阵以待，他的脑袋仍然被7门大炮发射后残留的烟雾所笼罩，他自己正在搞阅兵式，却谴责别人。而参加庆祝活动的人们，由于心中的隔断，他们只看见了鲜花，却遗漏了全副武装的士兵。

还有另一种相对不太容易理解的检验完整性的方式。如果图片中没有遗漏任何现实的碎片，如果所有维度都被融合进来，你最终面对的很有可能是一个悖论。追溯到事物的本源，几乎所有的事实都是自相矛盾的。在这一方面，东方的佛教典籍通常比西方的文字阐述得更透彻。尤其是禅宗，可以说是理想的悖论培训学校。我最喜欢的关于换灯泡的笑话是："换一个灯泡需要多少和尚？"

答案是："两个——一个换灯泡，一个不换。"

悖论，意味着全面和完整，远离了"区隔"化，以及管中窥豹的状态，就能看到事物的全貌。

如果一个概念是自相矛盾的，它本身就彰显出了完整性，发出了真理之声。相反，如果一个概念过于单一，则应该怀疑它是否欠缺了某些方面。再以顽强的"孤狼"习性举例。这个概念不存在任何矛盾之处，它只包含真理的一个方面：我们应该独立、完整和自给自足。而忽略了另一面：我们也应该认识到我们的不足、缺陷和相互依赖。更糟糕的是，它会促成危险的以自我为中心的人格。事实上，我们无法独立存在，也不应只为自己而活。禅宗教导我们，将自我作为孤立实体的概念是一种幻觉。遗憾的是，很多人身陷这一幻觉，无法看见生命的全貌。

一旦进行了全方位的思考，我便会意识到，我的生活不仅受到土地、雨露和阳光的滋养，还得益于农民、出版商、书商，以及我的患者、孩子和妻子，实际上，我只是这个大链条中的一个小环节。

我越努力追求完整性，就越少用到"我的"这个词。"我的"妻子并不是我的私有财产。我仅仅在"我的"孩子的创造过程中占有极其微小的一部分。从某种意义上说，我赚到的钱属于我，但在更深层次上，它是来自各种好运的礼物，包括优秀的编辑，以及阅读作品的大众。从法律上讲，我在康涅狄格州拥有的不动产是"我的"土地，但在我之前，它属于别人，我仅仅是一位匆匆过客，在我之后，它还将属于别人。花园里的花也不是"我的",我并不知道如何创造一朵花,我只能照料或服务于它。

世界上的一切事物都有联系,我们不能成为孤立主义者,陷入简单化,非此即彼的单一维度,应该从多维度、高智慧的角度看事情。当我们能够做到这一点时,也就能跳出自大的牢笼,接纳人与人之间的差异,并在真诚关系中,成为真实的自己。正如爱德华·马丁在他的诗《吾名大群》中所表达的那样:

在我尘世的宫殿中有一群人——

一个人谦卑,一个人骄傲,

一个人为自己的罪孽伤心欲绝,

一个人坐在那儿毫无悔意地咧嘴大笑,

一个人爱邻居如同爱自己,

一个人除了名誉和财富什么也不关心。

我或许能摆脱这无尽的烦恼,

如果我能从他们当中将自己寻找,

就能获得一次飞跃。

要想看见全貌,你就不能有任何立场

人格完整的人,内心没有隔断,对外是完全开放的,他们能突破民族、国家、家庭，以及自身的限制，将生命提升到一个更高的境界。这些人在倾听别人和观察事情时，不会先入为主，甚至不带任何立场，正因如此，他们才能不偏不倚，看见事情的全貌。

克里希那穆提说："要想看见全貌，你就不能有任何立场。"坚持自己的立场，很容易变得固执己见，陷入隧道思维之中。而没有任何立场，并不是指没有主见，随波逐流，而是意味着能够从所有角度，全方位地观察问题，思考问题，不陷入狭隘和偏见。关于这一点，克里希那穆提用了两个词：全观（attention）与专注（concentration）。他认为"全观"与"专注"不是一样的。"专注"是排他的，比如专注于树木，就容易忽略森林，专注于一件事情，就无法顾及其他事情，专注于自己的文化传统，就会排斥其他文化传统。而"全观"是整体性的觉察，它能包容一切，没有排他性，能看见事物的方方面面。克里希那穆提所说的"没有任何立场"，指的就是"全观"。

能够做到"全观"的人，不会抹杀任何文化传统，也不会被任何一种文化传统所束缚，而是能够从中跳出来，全面客观地去观察和思考。不过，由于这些人超越了自身的文化传统，所以我称他们是"没有故乡的人"。

我的旅程开始于15岁，那一年我违背父母的意愿，选择离开埃克塞特学校。在这一过程中，我盲目地迈出了走出家族传统的一大步，这一传统崇尚物质上的成功，但我要成为什么样的人？我该去哪里？我并不知道。我很害怕，以至于接受了一家精神病院提供给我的短暂的避难所，一个有归属感的地方。当时，我并不知道寻求心理治疗是人们在为走出文化传统而感到焦虑时的一种普遍做法。

我现在不再归属于任何通常意义上所说的文化传统，不过，我并非孤身一人。慢慢地，我会在这里或那里遇到相同处境的人，我们就像乘着狭小的帆船漂泊在无垠的大海上，但心灵并不孤独，远比大多数人自由。我们在全世界各个国家之间穿梭，不再受文化习俗的束缚。虽然有时不免会感受到一种令人悲伤的酸楚，也曾有过寂寞，但最近几年，数万名跳出了文化传统束缚的男男女女开始与我并肩同行。我们不会回去，即使可以。我们就像永恒的朝圣者一样，我们"不再回家"。就像我的朋友拉尔夫一样。

拉尔夫出生在贫穷的阿巴拉契亚地区，他在青春期开始背井离乡，并成为一名文化人类学家。作为对 20 世纪 60 年代的民权和反越战运动的回应，他开始质疑自己的每一个以及全部的价值观。当他已经成为一个拥有极强精神力量的人后不久，他有机会回到故乡阿巴拉契亚。他的一位侄女参加了一场由当地高中共同参与的大型选美活动，并当选为六位返校日皇后之一。这场盛会的一个重要环节是由每位返校日皇后的父亲为她们献上一朵玫瑰。由于在一场务农的事故中失去了父亲，她问叔叔拉尔夫是否愿意代替她的父亲上场。他欣然应允，专程飞回了阿巴拉契亚。

当我再次见到他的时候，拉尔夫事无巨细地描述了这场盛会。他以一位文化人类学家的精准眼光，重现了在庆典的高潮阶段，六位返校日皇后身着同样风格却色彩各异的连衣裙。在橄榄球赛中场休息期间，皇后们乘坐雪佛兰羚羊敞篷车绕场四周，每辆车的颜色都与她们的裙子相匹配。还有其他的一系列庆祝活动。的确，每位皇后从下午到傍晚总计需要更换四套衣裙。当他描述这些礼仪事项时，我出神地坐在那里，完全被充斥其中的幽默、感伤和丰富迷住了。

然而当讲述接近尾声时，拉尔夫转换了话题，他说："但是出于某种原因，我回来后感到前所未有的抑郁，这种感觉甚至当我还在飞机上的时候就有了。"

"悲伤和抑郁是非常相似的，"我回答，"但我觉得你更多的是悲伤。"

"你说得对，"拉尔夫惊呼道，"我感到很伤心，但我不知道为什么，我没有任何伤心的理由啊。"

"不，你有。"我反驳道。

"有吗？有什么值得我伤心的呢？"

"因为你失去了故乡。"

拉尔夫看上去很困惑。"我想我不太明白你的意思。"

"你刚才完全是以一个杰出人类学家的客观态度全面描述了一场别出心裁的阿巴拉契亚文化盛典，"我解释道，"如果你仍然是这种文化的一部分，你无法做到这一点。你已经从根本上脱离了它，这就是我说你失去了故乡的意思，我怀疑这次返乡之旅让你意识到，你和它之间已经存在着难以跨越的鸿沟。"

一滴泪珠滚落在拉尔夫的脸颊上。"你说到点子上了。"他承认，"可笑的是，伴随着悲伤，还存在着真实的喜悦感，我很高兴能够回到我的妻子，以及朋友们的身边，我并不想待在那里，我属于我现在所在的这个地方。但这不是那些留在故乡的人所感受到的简单而无意识的归属感。我对这种简单的丧失感到些许遗憾，但我知道那不是神圣的纯洁，只是一种质朴的传统，其实，他们的痛苦和忧虑并不比我少，只不过，他们不必为外面的世界操心罢了。"

在文学作品中，不时有人超越了自己的文化，并且"从此失去了落脚之地"。但这样做的人仅仅是万分之一。今天，情况发生了改变。由于多种因素——特别是即时的、大众的传播将外国文化引入了我们的大门，同时，实用的心理辅导引领我们对所置身的大环境、文化，以及其他的一些东西产生质疑。没有故乡的人在过去的一到两代人中增加了一千倍，不过，他们仍然是少数派，目前在总人数中不超过二十分之一。

人们不禁要问，这类人群的爆炸式增长是否能带来人类进化的一次重大飞跃——一次不仅仅是朝向空灵，也是朝向全球意识的飞跃。

在建立真诚关系时，如何避免陷阱

第八章

在建立真诚关系时，引领者只有摆脱自己的控制欲，
群体才有可能摆脱过分依赖心理，最终获得成功。

The Different Drum

敞开心扉永远是一场冒险，但也只有通过冒险我们才能接纳彼此的脆弱和残缺，建立起真诚关系，获得心理治愈。不过，由于这一过程是未知的，结果也不确定，这不免会令人感到恐惧。即使作为一个经验丰富的引领者，每次敞开心灵与别人建立真诚关系时，我也会像其他参与者一样感到焦虑、担心和害怕。

在第二次世界大战期间，英国精神病学家威尔弗雷德·比昂通过对部队病患的群体治疗，发展出了对群体行为非常全面的解读。他的工作推进了英国在塔维斯托克研究所的发展，在那里，许多小组领导人接受了培训。因此，比昂的理论有时也被称为"塔维斯托克模型"。

比昂认为，无论是治疗小组，还是其他群体，建立真诚关系都是最重要的一项任务。例如，虽然一个治疗小组的所有成员可能都非常渴望被治愈，但他们可能完全没有意识到这样一个事实，即他们的任务是共同创建一个安全和接纳的氛围，使人们得以在其中自然而然地被治愈。建立真诚关系比治疗更重要。

但是，就像个人害怕面对真相，拒绝袒露内心一样，群体也会极力逃避问题，隐藏自己的缺陷，不愿意接纳彼此。一个群体常会通过四种伎俩来逃避问题，分别是"回避"、"对抗"、"结盟"和"过分依赖"。这是建立真诚关系的陷阱。比昂进一步指出，一旦群体意识到了自己所采取的特定的逃避方法后，很可能立即切换到另一种。只有群体不再逃避问题，付出爱与承诺，牺牲与超越时，才能建立起真诚关系。

逃避真诚关系的四种伎俩

回避

人们常常会有这样的倾向，把自己的阴暗面隐藏起来，在人群中尽量展示出光明的一面。阴暗面既复杂，又令人不舒服，解决它们并不是一件轻松的事情，所以，与其将这些阴暗面暴露出来，不如掩盖起来，似乎只有这样，彼此才能其乐融融，相安无事。

麦克·贝吉里小组试图将我作为替罪羊的故事，就是在回避问题。当我告诉大家我感到很抑郁时，虽然每个人都有些郁闷，但他们却不愿意承认，不想让这个问题给他们带来烦恼和痛苦。为了回避这个问题，整个群体非常乐意给我贴上病态的标签，并打算将我驱逐出群体。在这个群体中，我仿佛是不一样的鼓声，破坏了群体的团结和稳定。但是，如果我真的成了替罪羊，或者说这个群体不能倾听不一样的声音，那么群体成功回避问题之际，也是真诚关系失败之时。

寻找替罪羊，是回避问题最常见的手段，对真诚关系的建立具有根本性的破坏力。

在群体的"虚伪阶段"中，寻找替罪羊的事情经常发生。那些不一样的声音要么被屏蔽，要么被消灭，因为虚伪阶段的基本特征就是回避个体差异，消灭不同的声音。虚伪阶段乏味的礼节只是一个幌子，其根本目的是为了回避任何可能导致健康或不健康的冲突。

另一种频繁地回避问题的情况，发生在混沌时期，当群体试图回避混沌和冲突，但又拒绝进入空灵阶段时，他们就会转而逃逸到等级分明的组织中。发生这种情况的一种常见方式是有成员提议将群体进一步拆分成更小的单位。比如，提出 15 个人左右是"理想的"群体规模，这个建议非常诱人。但根据我的经验，对完整群体的回避，就是回避真诚关系。

回避的另一种常见形式是忽视他人情绪上的痛苦。这种情况一再地发生，它们发生在虚伪阶段的寒暄中，发生在混沌阶段的争吵中，或发生在空灵阶段自我消亡的阵痛中。

一次，在建立真诚关系时，有一位小组成员，名叫玛丽，她谈到一些非常个人化、却令她十分痛苦的事情。泪水充盈着她的眼眶。"我知道我不应该哭，"她说，"但是刚才的谈论让我想起了我的父亲，他是个酒鬼，小时候我觉得他是唯一真正关心我的人。他喜欢和我一起玩，时刻准备着让我坐在他的膝盖上。在我 31 岁的时候他死于肝硬化，是他毫无节制地饮酒的后果。我为他的死而愤怒，我觉得是他抛弃了我，我觉得如果他真的爱我就不会那样喝酒。现在我终于和他的死亡和解了，我当时并不理解不得不和我的母亲生活在一起让他多么痛苦。我想，也许他需要按照自己的方式去做，但是我一直没能原谅我自己。"玛丽大哭起来。"要知道，"她接着说，"直到他去世之前，我都没来得及告诉过他我是多么爱他，我太生他的气了，我从没来得及感谢他。而现在已经太迟了，一切都太迟了。"

然而仅仅五秒钟之后，拉里不耐烦地说："我实在想不通，我们怎么可能在没有对'真诚关系'进行确切定义的情况下建立起真诚关系。"

"我们那里就有一个群体，"玛丽莲兴奋地说，"每个月的最后一个星期四，我们二十几个人会聚在一起吃晚饭。"

"我们以前在部队里也这样。"维吉尼亚补充道，"我们营房区的一些人，每个月都会做几道来自不同国家的菜。某个月是墨西哥菜，另一个月是中国菜，有一次甚至是俄国菜，但我实在不怎么喜欢罗宋汤。"

幸运的情况下，某位成员会意识到发生了什么。"嘿，伙计们，"马克也许会说，"玛丽正在哭呢，我们却装作什么事都没发生一样，她刚把内心的痛苦倾诉了出来，你们却在讨论什么晚餐，我真不敢想象她现在的感受。"

如果这样的情况没有出现，引领者可能会觉得有必要介入。"这个群体显然没有学会聆听其成员的痛苦，"我可能会说，"群体选择忽视玛丽，而不是分担她的痛苦，当真诚关系的大门打开之时，他们却在谈论着它的学术定义。"通常，这种干预需要不断重复。"你一直在问'空灵'的含义，"我或许会说，"其中一个意思就是保持长时间的沉默，以便腾出足够长的时间来消化其他人刚才所说的话。每当有人说些痛苦的事情时，群体就会顾左右而言他，这就是在回避。"

回避行为也可以发生在真诚关系建立之后。也许我见过的最戏剧性的案例发生在国家培训实验室的敏感小组中，也正是在那一次活动中，我第一次在公共场合落泪。在林迪的卓越引领下，我们16个人迅速建立起了真诚关系。在接下来的10天里，我们经历了巨大的爱与欢乐，一起学习，共同治愈。但最后一天却十分无聊。我们坐在平常坐的垫子上，说着些无关痛痒的话题。就在结束前半个小时，我们中的一个人似乎是不经意地评论道："我们最后的一次小组会议竟然是这样，感觉挺奇怪的。"然而为时已晚。我们已没有时间来讨论更重要的问题，也没有时间来为我们当前所置身的真诚关系即将消失而适宜地表达出悲伤。

回想起来，这是一个异乎寻常的现象。在将近两周的时间里，我们16个人不仅共同拥有了一段最鲜活，甚至可以说是改变人生的经历，而且深深地爱护和关照着彼此。然而在这最后一天，我们却装作无动于衷。彻底回避了我们作为一个群体即将面临消亡的问题。我们完全回避了这种死亡，假装这并不是我们的终点，不自觉地试图回避将要面对的现实。最后一天，我们应该将回避这个问题设定为我们经历的主题。直到今天我仍然不确定，林迪默许了我们的回避行为是由于他自己也对即将到来的分别而痛苦不堪，还是有意识地给我们一个回避的最终经验。无论哪种情况，我们都乐于接受。

对抗

　　这是"混沌"阶段中占主导地位的逃避方式。一旦群体从虚伪阶段走出来，通常会表现得像是业余心理治疗师和布道者的集合体一样，每个人都试图相互治疗和转化，这显然是行不通的。更糟糕的是，看起来越无效，成员们越加倍地努力使其奏效。试图治疗和转化的过程瞬间就成了对抗的过程。虽然作为个体成员，他们并不认为自己是在相互对抗，只是想帮忙，但事实上，整个群体都在争吵，处于非常愤怒和混沌的状态。

　　这里就需要凸显引领者的作用了，在这一时刻，引领者不仅要向群体揭露对抗行为其实是一种逃避，而且要指明解决方案的道路。"我们原来的目的是建立真诚关系，"我或许会这样说，"但是我们似乎一直在对抗，我想知道这是为什么。"这种干预不宜过早，如果过早干预，群体很可能会在第一时间通过回避冲突退回到虚伪阶段，而不去问一问自己为什么要对抗。但如果在混沌中度过了足够长的时间，那么它更有可能会自问："我们究竟哪里做错了？"一旦这个问题被严肃地提出，群体偶尔可以自行找到答案。通常情况下，他们需要一点点，但也仅仅是一点点帮助。所以，当他们的自我分析正在起作用的时候，我会接着说："当我安静下来倾听所有的争吵时，我发现你们都在试图相互治疗或转化，好像你们的目标就是为了治疗和转化一样，但如果你们能自我审视一下这些表现之下的真实的行为动机，或许会更有帮助。"

在这种情况下，仅需通过一到两个小时，整个团队就可以了解专业心理治疗师通常需要花费几年时间才能明白的事：我们无法直接对他人进行治疗和转化。我们所能做的是，在尽可能深的层面上审视自己的动机。我们越是这样做，越能将自己从改造别人的欲望中摆脱出来，越是能够，并且乐意，甚至是迫切地希望别人能够自由地做他们自己，从而营造出一个充满尊重和安全感的氛围。在这样的氛围中，真诚关系的本质——治疗和转化，将在无人推进的情况下自然而然地发生。

对抗也会发生在实现了真诚关系的群体中。有很多时候，他们的确必须为了解决重大问题而共同抗争。正是由于这个原因，我将群体在对抗行为中越陷越深的阶段称为"混沌"。"混沌"往往意味着无果而终的冲突和毫无创造性的对抗。它围绕着治疗和转化的企图展开，而不是尝试着接纳个体差异。相反，在真诚关系中的抗争，涉及创造性的清空的过程，以求最终达成真正的共识。

结盟

在建立真诚关系时，结盟可以算是一个常见的陷阱，绝对不应该忽略。两个或两个以上成员之间有意识或无意识的联盟极有可能干扰一个群体的正常发展。

一对或多对夫妇，两个或一群好友几乎总是一起参加建立真诚关系的小组。通常，尤其是在混沌时期，这样的结盟组合会开始窃窃私语。一旦群体忽略了这种行为，我就必须提出："大家对简和贝蒂在说什么难道不感到好奇吗？大家难道没有被排除在外的感觉吗？简和贝蒂的表现就好像我们其他人不存在似的。"

在建立真诚关系的经历中，通常会有成员发展出浪漫的关系。的确，有些人本来就是抱着寻找浪漫的愿望来参加讲习班的。并非一定要对这样的行为进行阻止。但是，如果这种关系开始影响整个群体的完整性，就必须加以限制。"约翰和玛丽，"我会这样说，"我们为你们之间产生的感情而高兴，但是在整个群体看来，你们沉浸在二人世界里，完全忽视了其他人，休息期间你们有充分的时间在一起，不知你们现在是否能够在群体活动时分开坐？"

在建立短期真诚关系时，结盟对群体的破坏性尤其严重。例如，很多过去就相识的人，或者脾气相投的人，会坐在一起，形成一个阵营，一般情况下没有必要引导他们重新选择座位。但是，有必要指出他们在何时是如何将群体排斥在外的。事实上，在建立真诚关系中看到敌对阵营握手言和，学生和教职员工坐在一起，管理人员和被管理的人打成一片，年轻人和老人们相谈甚欢，是一件真正快乐的事。

结盟在长期真诚关系中同样具有破坏性。例如，两位初来乍到的修女苏珊和克拉丽莎可能会建立起牢固的友谊。她们花费所有的闲暇时光在一起，认为彼此之间的陪伴比和其他修女

们相处更愉快。但不久之后，坏事就发生了。其他修女们开始
对她们感到厌恶，两人发现自己被排除在所有重要的决定之
外。最终，在一番苦闷的纠结之后，苏珊向大修女抱怨她和克
拉丽莎被群体排斥在外。"也许事实正好相反，"大修女会告诉
她，"你和克拉丽莎的友谊如此深厚，你们似乎只关心对方。
也许正是因为你们把注意力过分集中在彼此的友谊上，而将其
他修女们排斥在外了。你们将本应该平等给予她们的关注和能
量剥夺了，至少她们是这么对我说的。尽管友谊可以是很美好
的事物，但是过去我们总是会对信众说，过度亲密的友谊是被
禁止的。现在我们更希望你们能自己发现它的危险性。这并不
容易，苏珊，但是我建议你和克拉丽莎都问一问自己，在你们
沉溺于彼此间的友谊时，是否还记得维护群体的完整性，是否
还记得来此最深层的目的。"

过分依赖

在所有逃避中，过分依赖行为对真诚关系的发展也是最具
破坏性的。对于引领者来说，这也是最难，甚至可以说是极难
战胜的。

我和我的同事必须从建立真诚关系的那一刻开始，就参与
到这场战斗之中。在事先提供的书面材料中我们就已敬告所有
参与者，活动是体验性的，而不是教导性的。在讲习班开始
时，我们也会再次提醒他们："如果成员完全依赖引领者来布置

任务或担负责任，真诚关系是不可能存在的，为了获得成功，每个人都肩负着同等重要的责任。"

但一开始，群体并不能接受缺乏领导的情况。虽然这种领导并不能帮助他们成长，甚至会对其产生阻碍，人们仍愿意仰仗引领者的指挥。比起自己做决策，他们更希望引领者直接告诉他们应该怎么做。与预设的目标相反，小组迅速通过依赖行为坠入逃避模式中。他们总是会误解和憎恨小组的引领者，认为引领者不够强权，不作为。事实上，过分依赖者对于权威人士或父亲形象的渴望如此剧烈，以至于他们会对拒绝满足他们要求的引领者进行污蔑和诽谤。

不过，要建立真诚关系，我们就必须让每个人都抛弃过分依赖心理，自己拯救自己。所以，对于引领者来说，最明智的做法，就是不作为，无为而治，即使是身负骂名，被指责。要知道，这些指责有时是温和的，有时几乎是杀气腾腾的。矛盾的是，在这些情况下，最好的引领者恰恰是那些甘愿冒险，甚至是乐于被指责为领导不力的人。

当群体对"空灵"感到迷惑，辗转于混沌之中，并将自身的处境完全归咎于引领者时，我们会讲述下面这个故事——

一个拉比迷失在森林中，三个月里，他不断地寻找，却始终找不到出路。终于有一天，他在搜索中偶遇一个也在森林里迷了路的团体，而且他们刚好来自他曾经所在的犹太会堂。他们兴奋地高喊："老师，能找到您实在是太棒了！现在您可以将我们带出森林了。""我很抱歉，我也没有办法。"拉比回答道，"因为我和你们一样迷茫，我能做的只是，因为我迷路的时间更久，我可以告诉你们一千条走不通的道路。在这样微薄的帮助下，如果我们相互合作，或许能够一起找到出路。"

这其中的寓意很明显，在建立真诚关系的过程中，没有人可以领导别人，或者给别人指点迷津。但对于依赖心理严重的人来说，他们总是希望有人能够领导，甚至控制他们。过度依赖的人不仅无法从上面的故事中获得启迪，反而还会斥责活动的组织者："你不光没有领导能力，还尽讲些愚蠢的故事。"

不过，对引领者来说最难熬的不是别人的误解和责难，而是抵御权力对自己的诱惑，即放弃权力，让过度依赖的人们自己思考，从混沌中找到出路。但是由于人们习惯于领导和控制别人，所以权力总是充满了诱人的力量，很多人都迫切需要拥有，并尽情使用。拒绝群体赋予我们的权力，或者拥有权力却不使用，的确不是一件容易的事情。但是，我们必须如此，必须不断地放弃内心的控制欲，让过分依赖的人自己去找出路，才能引导群体建立起真诚关系。无数次经验证明，每当我放弃控制之后，每当我断定这必将是一次失败的努力之后，反倒更有可能建立起真诚关系。我不认为这纯属偶然，真诚关系的建立要求那些习惯于领导和控制的人们真正愿意进入一种无能为力的状态。它要求我放弃讲话的欲望，每时每刻向他人提供帮助的欲望，成为精神领袖的欲望，看起来像个英雄的欲望，当我放弃这些欲望之后，群体觉得没有任何人可以依赖，在失落、沮丧，甚至绝望中，开始进入空灵。

　　我曾经帮助过的一位非常成功的心理医生对这一困难进行过很好的描述。在活动结束后，他写道："我记得你告诉过我们，这些事情只有在你断定自己已经失败之后才会成功。星期六晚上我打电话给我的妻子，告诉她我感觉自己无法胜任这份工作。我把车移到停车场的出口处，以便可以第一个离开。可我仍然坚持了下来，作为最重要的引领者，我怎么可以离开。整晚我都在想，这其中一定有什么技巧我还没有参透。黎明之后，我终于意识到我对很多东西一无所知，对自我界限的消失一无所知，对空灵同样一无所知。在那一刻，我决定让自我死亡。早餐之后，我们便建立起了真诚关系。"

　　有这样一个古老的法则：你越想控制某件事物，这件事情就越容易失控。

　　在建立真诚关系时，引领者只有摆脱自己的控制欲，群体才有可能摆脱过分依赖心理，最终获得成功。

干预的时机

　　由于一个群体不仅是其各个部分的总和，它本身也是一个活的有机体，引领者们应该把重点放在维持群体的完整性上。

通常情况下，他们不必关注个别成员的问题或个性。事实上过分关注可能会干扰真诚关系的发展。因此常规的原则是，引领者应该把干预限制在对群体行为而非个人行为的解释上。而所有这些干预的目的并不是告诉群体该做什么或不该做什么，而是唤醒它对自身行为的认识。

群体干预行为的典型案例是这样的，引领者通常会说："这个群体的表现就好像所有人都有同一种信仰似的。"或者"所有这些混沌似乎都围绕着试图改变彼此而展开。"或者"在我看来，年轻人和年长者正在分化为不同的派系。"或者"每当有人说起痛苦的事情，群体就会改变话题，好像我们并不想听到别人的倾诉似的。"又或者"我想知道，在我们能够建立真诚关系之前，大家是否真的不需要摆脱自己对我不够强势的领导力的怨恨？"

这种引领方式的一个显著作用，就是引导其他成员也学会从整体上考虑群体事务。一开始，成员们几乎没有任何群体意识，但是当他们建立真诚关系的时候，大部分的参与者已经学会了将整个群体看作一个整体。事实上，他们也将开始自发地进行有效的群体干预行为。

建立真诚关系应该遵循的另一个规则是，指定的引领者只有在其他成员还不具备足够能力的时候做出一些适当的干预，否则，这个群体就不可能成为一个所有人都是引领者的群体。在完全发达的真诚关系中，即使没有某一个指定的引领者，也能很好地解决自己的问题。然而，这就要求指定的引领者必须有足够的耐心等待，看看其他成员是否能够识别出本身已经清晰可见的问题。这种必要的等待通常会被看作是领导不力，只有在指定的引领者愿意摆脱自己的控制欲时才能实现。对于引领者来说，一个令人痛苦的任务是，在得出团队还没有能力自己处理问题的结论之前，必须一刻不停地判断还需要等待多久。

　　一般规则也会有例外。某些情况下，指定的引领者有必要专注于某个成员的行为。但是，这样做并不是为了个人的需要，而是为了整个群体，也就是说，当个人的行为明显干扰了团队的发展，而整个群体似乎还没有解决这一问题的能力时，引领者就需要进行干预。在此我将以两个案例来说明有必要对个体行为进行强制干预的情况。

　　由于我的失误，某个讲习班的宣传册没有明确说明其主要目的是建立真诚关系。不过在讲习班刚开始我就向所有成员解释这是我的愿望，成员们对这一愿景似乎也很热心。但其中有一位聪明的中年人，名叫马歇尔，却一直试图让小组讨论抽象的神学。当小组拒绝了他的时候，他抱怨说宣传册并没有说小组的目的是要建立真诚关系，而他来此的目的是想更多地了解我独特的神学理论。马歇尔坚持要进行理论研讨，我说："马歇尔，你说得很对，我在宣传手册里没有说清楚，这是我的疏忽，我应该表述得更明确一些。我明白你的感受，请接受我的道歉，我对误导了你深感歉意。"

　　在紧接着的休息时间，马歇尔来向我打招呼："这个周末令我很难过，我感到浪费了自己的时间和金钱，如果我知道这是个建立真诚关系的活动，我就不会来了。"

"马歇尔，我不知道除了再次向你道歉还能做些什么，"我说，"我不打算把它变成一场神学讨论，因为这不是整个群体的愿望。我希望你能够做出调整，但正如我之前所说的，我确实犯了错误，我真的很抱歉，因为我让你失望了。"

当小组再次召集时，马歇尔闷闷不乐地沉默了一个小时。群体忽略了他。他正在成为这个群体的弃儿。我不知道该怎么做。我对事情发展的态势有些担忧，可我依然在等待。就在午餐之前，马歇尔又重新开始进行了几次深奥的神学方面的陈述。小组直言不讳地批评了他，但午饭前没有足够的时间来处理这个问题。午餐后，我们将继续进行后面的内容。我觉得马歇尔是个自尊心很强的人，如果我在全体成员面前指责他，对他来说将会是极大的羞辱。然而，如果不这么做，马歇尔和小组成员的愤恨似乎也会严重破坏真诚关系的建立。解散之后，我问马歇尔是否愿意和我共进午餐。

我没有浪费任何时间说客套话。"我们遇到了真正的麻烦，马歇尔，"一落座我便对他说，"我今天早上因为宣传册的事已经当着小组成员的面向你道歉，但早上休息期间，你再次因为这件事指责了我，显然你没有接受我的道歉，所以我第二次向你道歉，但是你仍然在试图把这个小组向神学讨论的方向上引导，很明显你还没有在这件事情上原谅我，我还需要道多少次歉，马歇尔？虽然这本小册子完全没有提到这是一次建立真诚关系的体验，但是它明确表示了你将从中体验到爱、纪律和牺牲。我相信你也同意，宽恕在神学中是一个核心问题，现在你可以选择在这个周末有一次宽恕我的经历，或者是一次拒绝宽恕的经历，选择哪一个完全取决于你。而且你也知道，我们已经讨论了很多关于空灵的话题，这与死亡有着密切的关系。你能够原谅我的唯一方式，就是摆脱你的预期，让你的先入之见和欲望死亡。我需要再次重申，神学与牺牲精神紧密相连，同时，是否做出牺牲完全由你自己决定。体验式的学习是艰难的。事实上对于你来说，这个讲习班中的经历将取决于你对神学的真实信仰。"

这次交谈奏效了。马歇尔开始转变，他没有再试图进行更多的理论探讨。下午休息期间，其中一位对马歇尔的书呆子气颇有怨言的男性成员正在与其他几个男人相互拥抱。马歇尔问他："你不打算拥抱一下我吗？"那个人果然拥抱了他，不少人因此热泪盈眶。在接下来的最后一个阶段，马歇尔坦诚这是他第一次与另一个男人拥抱，大家再一次被感动了。那一天，马歇尔在神学方面受益匪浅。

另一次，在群体处于常规的混沌阶段时，我意识到其中的一位成员是个潜在的问题，这个人叫阿尔奇，他以充沛的激情和雄辩的口才进行了三次演讲。问题是，我不明白他在说什么。我知道其他小组成员也无法理解他，但是出于好意没有告诉他这一真相。在下午结束的时候，我要求在混沌泥淖中挣扎的成员们晚上回去反思一下问题究竟出在哪里。我整晚都在想着阿尔奇的问题，他的表达不清太容易误导大家了。我知道，如果我们要成功地建立真诚关系，阿尔奇很可能会摧毁它，除非我进行某种干预。我希望这不会发生，尽管我认为发生的可能性很大，我也不确定应该怎么做，以及干预之后会发生什么。

第二天早上我们重聚之后，阿尔奇又开始了他颇有诗意并且慷慨激昂的演讲。一位女士说："我完全明白你的感受，阿尔奇。我丈夫死的时候我就是这样的感觉，那一瞬间我真的很愤怒。"

"但这不是阿尔奇想表达的意思，"另一位成员抗议，"他是在说他有多悲伤。"

接着，阿尔奇又发表了一篇诗意的演讲。有人评论说："也许阿尔奇既悲伤又愤怒。"

"我听到的是愤怒。"另一个说。

"不，分明是悲伤。"第五个人大声说道。

"我感觉都不是。"第六个人斥责道。

小组再一次陷入了混沌。

我觉得必须进行干预了，尽管不知道干预会产生怎样的后果，心已经提到了嗓子眼，但我还是说出了下面这些话："大家陷入了困惑之中，这是有原因的，阿尔奇，我对你的看法十分复杂，一方面，我喜欢你，我觉得你具有一个诗人的灵魂，我对你的激情有共鸣，我认为你是一个善良而有深度的人，但是你缺乏语言组织能力。因为某些原因，我不知道为什么，你从来没有学过把你的激情，你来自灵魂的诗歌转化成别人能够理解的词汇。因此，当人们敞开自我尝试着去理解你说的话时，他们会感到困惑，就像现在整个小组都陷入了困惑一样。我认为你可以学会在交谈上更加自律，更好地组织语言，我真心希望你能做到，因为我相信你有非常卓越的见解可以表达。但是习得这种能力需要花费相当长的时间，我认为在这一天仅剩的时间内，你很难掌握它。"

接下来，是一段令人恐惧的沉寂。我，以及其他所有人都在等待着阿尔奇的回应。

"谢谢你，"他回答，"很少有人了解我身上存在的问题，斯科蒂，你是其中之一。"

在接下来的时间中，阿尔奇什么也没说。但是在他沉默的过程中，整个团体都能感受到他的爱，我也能感受到他正沐浴在其他成员对他的爱中。

我不知道阿尔奇最终是否成功地将他的灵魂之诗转化为别人可以理解的文字，但这个故事有个后续。一年半后，我在同一个赞助商的支持下，在同一个城市举办了一个类似的活动，阿尔奇打电话给赞助商。"我想再次参加，"他告诉她，"但我没有钱。你能不能告诉斯科蒂，如果他需要一名保镖，我随叫随到。"

这些干预是成功的，无论是对团体，还是对个人来说。而其主要原因是马歇尔和阿尔奇自身具备放弃固有行为模式的变革能力。但如果他们拒绝做出这些牺牲将会发生什么？根据我

的经验，群体几乎可以处理各种类型的个人精神疾病，有时候
"病情最严重的"成员反倒是对建立真诚关系贡献最大的人。
然而，有一种人，不仅不愿意服从于群体的需要，而且似乎有
意识或无意识地试图摧毁这种真诚关系。这就是我曾斗胆将其
称为"邪恶"的那一类人。

　　这样的人通常不愿意参加建立真诚关系的活动，所以，在
我举办的一百多场活动中，共计有五千多人参与，我只遇到两
个邪恶之人。其中一个人成功地摧毁了团体，另一个人则被团
体驱逐了出去，这是一个异常艰难的抉择，因为根据定义，真
诚关系是极具包容性的。然而，如果团体本身的存在受到了威
胁，就必须做出这样的决定。

　　处理破坏分子的任务不应该仅仅由指定的引领者来执行。
邪恶的人具有超强的破坏力，即使个人能力很强的人都很难与
之抗衡。早期我曾见过一个恶人成功地破坏了团体。作为指定
的引领者，我曾认为我有责任为了拯救这个团体而单独与她作
战，问题在于她很聪明地联合了足够多的盟友一齐反对我，成
功地分化了群体，并保持了这种状态。

　　因此，邪恶之人的问题应由整个群体共同解决。这也是发
生在另一个讲习班中的情况，恶人最终在大家的一致要求下被
迫离开。这一次我坚持他的问题是整个群体的问题，必须由大
家共同解决，尽管成员们都对将他驱逐而深感内疚，但这一决
定最终促成了这个群体建立起真诚关系。

　　在对恶人进行驱逐的时候应该考虑给予对方改过自新的机

会。上文提到的小组要求该名男子离开半天，之后可以选择回来再试试，但最终他并没有回来。我曾经担任一个实验性团体的顾问，因为有个邪恶的女人加入其中，造成了许多问题。成员们在忍无可忍之下向她下达了最后通牒，由于她破坏性太强，将不能继续住在那栋房子里。不过，他们也告诉她，社交活动仍然欢迎她参与，并且如果她能真正改变自己，群体仍欢迎她重新回来住。她同样没有选择回归群体。虽然两个成员都没有选择回到群体之中，但至少没有被完全放逐。无论如何，这种半放逐的性质适当地减轻了团体内其他成员的负罪感。

尽管驱逐恶人是必须的，不必有负罪感，但毕竟驱逐违背了建立真诚关系的首要原则：包容性。更糟糕的是，当被驱逐之后，这个恶人很可能会去破坏另一个团体，从而使其同样陷入困境。

驱逐并不能从本质上解决问题。无论维系自身存在有多么重要，真正的真诚关系总是会意识到，一旦将任何人排除在外，它从某个很重要的意义上来说就已经失败了。如果没有这种失败感和与之相伴的愧疚感，团体也就不能建立起真诚关系，它将退化为一种排他性的群体。如果它不再因为将某个成员排除在外而感到痛苦，就很容易往寻找替罪羊的方向发展，而它本身也将走向邪恶。

真诚关系，意味着在恶人的问题上不断地感受到痛苦和压力。另一方面，尽管恶人的问题十分令人烦恼，但从统计学上看是十分罕见的。

非语言行为与语言一样重要

　　一个群体能否建立起真诚关系，与其规模似乎并没有直接的联系。我曾带领过几个由三四百人组成的群体建立起真诚关系。这样的规模要求有一个大型的静修场地，一个会议协调员，20 名训练有素的小组组长以及五天的时间。不过，在一般的群体中参与人数通常介于 25 至 65 人之间，这样的限制仅仅是因为想要形成一个相对紧密，成员间可以充分互动的圈子，需要设置一个人数上限。

　　对于团体治疗有所了解的人来说，这个规模可能是惊人的。有一个流行的专业假说，即"理想的群体规模"在 8 到 15 个人之间，任何超过 20 人的群体都将变得难以管理和控制。我也曾笃信这一假说，直到在华盛顿特区的那一天，由 60 名参与者组成的团体突然建立起了真诚的关系。

　　我认为使大规模群体建立起真诚关系的一个主要因素是：我不要求每个参与者都必须发言。对于典型的精神治疗小组而言，一言不发的成员是非常不受欢迎的。但是，非语言行为的力量给我留下了深刻的印象。专业的心理咨询师在演讲中都有过这样的体会，某个人因其面部表情或简单的姿势在人群中格外醒目，他或她的鼓励会给演讲者带来更多的勇气、自信和力量。相反地，在观众中也可能会有人通过不断地皱眉或怒目而视来打击演讲者的自信，并使他们一蹶不振。同样，在建立真诚关系时，一言不发的成员为群体所做出的贡献可能与侃侃而谈者一样多。

判断一个沉默的成员是否真正全情投入并不需要采取专业的手段，通过一段时间，你完全可以从他或她的面部表情或姿态上观察出来。如果有这样一个人——假设是一个年轻女孩，我们称她为玛丽，在离其他组员很远的地方坐着，以空洞、无聊或者抑郁的表情凝视着窗外长达两个小时，我很可能会说："这个小组似乎忽略了这个事实，玛丽看起来心不在焉。"但只要成员在情绪上表现得"投入"，我并不会强制他们说话。

非语言行为不仅以强有力的方式为真诚关系做出贡献，而且也会得到相应的回报。例如，玛格丽特在 26 岁时由于过度害羞接受了我的心理治疗，通过一年半的治疗她取得了一些进步。当时我正计划在附近举办一个小型的真诚关系讲习班，我建议她参加，她也勉强同意了。然而令我郁闷的是，在讲习班举办期间，玛格丽特整整两天没有说过一句话，似乎对她而言，这次尝试已经失败了。

五天之后，玛格丽特容光焕发地来参加个人治疗，并告诉我这是她人生中迄今为止最愉快的经历。她说："我以前也曾有过这种感觉，但这次不一样。之前这种感觉稍纵即逝，也许在某个时刻闪现，下一次出现却要等到一个月之后。过去的这个周末我一直以为这种愉悦感也会很快消失，但它一直在那里，久久不散。"

快与慢并不是关键

根据我的经验，30 到 60 个人组成的群体若想建立真诚关系，两天的时间较为合适。当然，也有可能更快地做到这一点。如果群体从一开始就被指导避免泛泛而谈，敞开心扉，展现出自己的脆弱，不要试图彼此治疗和转化，清空那些固有的想法，全心全意地倾听，像拥抱快乐一样接纳痛苦，真诚关系通常可以在几小时内就建立起来。但这就像乘着直升机直达山顶一样，与跋涉沼泽，攀爬巨石最终抵达山巅相比，人们很难感受到光辉的荣耀。

确实存在这样一种奇怪的反转。在为期两天的讲习班中，有些小组在第一天的午后就建立起了真诚关系，有些则需要一天的时间。而另一些坚持采用老掉牙的传统方式沟通的人，也许直到最后的两个小时才能实现，然而这些在最后关头才建立起真诚关系的人们通常表现得十分满意。他们往往会说"这是我一生中最宝贵的经验"。设想一下，他们在几十个小时的艰苦工作后只收获了短短两个小时的愉快体验，这似乎有些不可思议。然而换一个角度思考，这就像登山，在历经艰辛终于登顶的时候，谁会后悔为这一刻所付出的呢？

承诺，我们没有逃跑路线

　　承诺，在建立真诚关系的过程中至关重要。每个人都要做出承诺，对群体的成败负责，我们没有逃跑路线。如果对群体中的某个人，或者某件事情不满，请不要回避，务必表达出自己的不满情绪，而不是草草收拾行李，然后悄无声息地离开。毫无疑问，我们将会共同经历怀疑、焦虑、愤怒、抑郁，甚至绝望的时期，接受这一切，共渡难关。

　　平均有 3% 的参与者违背了这一承诺。在混沌或空灵的困难时期，大约有一半的人会这样做。以一个老练而成功的中年心理学家为例，他在一个由 59 个人组成的讲习班进行到三分之一的时候宣布："我曾承诺会留在这里，但我不得不食言，今晚这个阶段结束后我就会离开，明天早上也不会回来了。"

　　"为什么？"我们惊讶地失声叫道。

　　"因为这一切实在太蠢了，"他回答，"我有 20 年的领导经验，指望一个超过 20 个人的群体建立起真诚关系简直是无稽之谈，更不要说是在短短两天内，我才不会坐以待毙，为一个必将到来的失败负责。"

　　其中一位不那么"老练"的参与者尖锐地评论说："如果你

现在退出，而我们成功地建立了真诚关系，你就永远不会知道自己错了。"

"我不会错，"心理学家回答，"我知道我在说什么，我是这方面的专家，你想达成的是一个不可能实现的目标。"

所以他当天晚上离开了。而就在第二天早上，我们剩下的58个人建立起了真诚关系。

真诚关系的纽带：沉思、故事和梦境

多年来，引领者们已经开发出各式各样的练习，以帮助群体提高信任度、敏感度、亲密度和沟通技巧。我并不想谴责他们，但就建立真诚关系的本质而言，我认为在没有"技巧"的情况下，达成真诚关系的体验将更为强有力。尽管如此，的确有一些可以归类为"练习"的东西，通常可以促进这个过程。

沉思

"沉思"一词有着丰富的内涵，而其中的大多数与意识相关。沉思的根本目的是自我审视，提升对自己之外世界的认识。自我审视是洞察力的关键，而洞察力又是智慧的关键。一个不擅长自我审视的人不能被称为沉思者。

沉思对进入空灵有极好的促进作用。在一个典型的讲习班中，短暂休憩之后，我们会用三分钟的沉思作为新一阶段的开始。我通常会要求小组成员在这段时间内审视他们每个人最需要自我排解的东西。而每当我发现整个小组在面对空灵问题一筹莫展的时候，我都会额外再增加一段沉思的时间来帮助解决这一问题。

一个曾处于混沌阵痛中的群体，陷入了对一个名叫拉里的年轻人的过分关注中，因为某些原因，他被视为一个潜在的威胁。"我认为这种持续的关注很有问题，"我插嘴道，"我们实际在把彼此之间的猜忌转嫁到拉里身上，他说自己来这里的动机很复杂，但似乎没有一个人往好的方面去猜测。我不明白如果我们总是把别人往坏的方面想，怎么可能建立真诚关系。我不是在谈论完全的、盲目的信任，但绝对的信任和假设别人不可信之间有本质的区别。虽然距离上一次只过去了 20 分钟，但现在我希望我们能沉思一会儿。"

我们这样做了，沉思结束后，我们逐渐建立起了真诚关系。

故事

最好的学习方法是体验式的。这就是为什么要让群体几经磨砺，而不是一开始就给他们一张详细的路线图，告诉他们所有应该避免的陷阱，化险为夷，从而引导他们顺利渡过各个阶段。在建立真诚关系时，故事的意义或许非常有用。

《拉比的礼物》就是一个非常有用的故事，我将它作为本书的序言。它适用于很多场景。比如让群体远离恶性对抗。在这里我以辛西娅和罗杰之间的互动举例。辛西娅是一位中年慢性精神分裂症患者，她很早就开始在小组中以一种漫无目的、毫无连贯性又无休无止的方式谈论自己。当我不禁疯狂揣测自己将会以何种举动来阻止她的喋喋不休时，罗杰，这位优秀但性格张扬的精神治疗师，同时也是团体治疗的元老级人物突然开口了，"辛西娅，"他说，"你让我感到厌倦。"

辛西娅瞬间错愕了。在片刻不知所措的沉默之后，我开口道："我也不太能理解辛西娅想要告诉我们的东西，所以罗杰，其他人或许和你一样感到厌倦，但是我希望你能记住，辛西娅可能就是上天选中的人——弥赛亚。"

罗杰顿时羞愧难当，出于自身的爱和谦逊，他很快就做出了弥补。"我想向你道歉，辛西娅，"他说，"我感到厌倦，但这并不意味着我应该对你出言不逊，对不起，我希望你能原谅我。"

而辛西娅突然变得兴高采烈，也许之前从没有人向她请求过宽恕。她说："我确实总是喋喋不休的，我的精神科医生告诉我，我需要在这方面自我克制一下。所以如果你善意地提醒我话太多，我是完全不会介意的。"

"来坐在我旁边吧，"罗杰说，"如果我发觉你又开始长篇大论了，我就把手放在你的膝盖上，你也会立即知道自己该停下来了。"

　　辛西娅像个初次约会的年轻女孩般磕磕绊绊地移到罗杰身边。在那之后，尽管她又多次唠唠叨叨，语无伦次，但每当罗杰触碰她的膝盖时，她都会高兴地停下说到一半的话。第二天，辛西娅未曾说过一句话。她只是安静地坐在罗杰旁边，十分满足地紧紧握着他的手。

　　虽然小组在开始的时候经常讨论《拉比的礼物》，但是也很容易在非常短的时间内忘记它。然而每当让他们回忆起这个故事所传达的恭敬和温柔时，仍然是一件轻而易举的事。直面现实是真诚关系的一个特征，而另一个特征是，在直面现实的时候，我们可以选择恭敬而温柔的方式。

梦境

　　梦也可以是非常优雅而有针对性的故事。通过梦境，人们可以在无意识中创造出满足当下需要的故事。梦是具有补偿性的，它们所反映的往往是我们最缺少的，最需要从无意识中重新寻觅出来的东西。在梦中，无意识会不停地产生具有教育意义的场景和形象。所以，在每天的小组工作结束之前，我都会建议成员们记住并复述夜里所做的那些特别生动的梦，无论它们表面上看起来多么毫无意义。而几乎每个小组中都会有一个或多个扮演"小组梦想家"角色的人。

　　曾经有一位老太太就是其中之一，她参与小组讨论的唯一方式，便是在每天早上讲述一个精妙的梦。这个小组在第一天的工作中遇到了建立真诚关系早期阶段的典型困难，成员们认为我缺乏领导力，同时也不愿意袒露自己的伤口。第二天早上，这位老太太第一个发言。"斯科蒂告诉我们应该留意所做的梦，"她说道，"尽管我不认为它和这个群体有什么关系，但是如果你们愿意，我会将我昨晚的梦讲给你们听。"

大家通过充满期待的沉默暗示她继续。"好吧，"她说，"这可能和发生的一切都毫无关联，但是由于某种原因，我梦见自己和一个朋友在医院的急诊室里，似乎发生了一场可怕的事故或者别的什么，急诊室里充满了伤员。大家都焦急地等待着医生的到来，我们除了用清水替伤员洗涤伤口再用绷带包扎之外完全无能为力。终于在一名护士的陪同下，医生赶到了，可令我们大失所望的是，他完全帮不上忙。我的意思是，他看起来像是嗑了药似的，一直在发呆。"由于这与我的领导方式极其相似，群体中爆发出阵阵哄笑。"但是最奇怪的事情发生了，"她接着说，"我和我的朋友正站在一个重伤的患者身旁，那些伤口不久前刚刚裂开，医生在我们身边，他什么都没做，只是用关爱的眼光注视着患者，但是当我自己低头再看时却惊奇地发现，患者的所有伤口都已经愈合了。"

不用我说，小组的梦想家已经为大家指明了方向。

建立长期真诚关系的两个案例

第九章

人为塑造敌人的过程也许是所有人类行为中
最具破坏性的一种。

The Different Drum

几十年来，我致力于建立真诚关系的工作，我深知，虽然人们沉浸其中的时间不是太长久，但就像悟道，一旦有了这样的生命体验，那生动而真实的感受，就会永远铭刻心间，起到强大的治疗作用。这时，你看待自己、看待世界的方式会发生根本性的改变。但同时，我也知道，人类惰性的力量是强大的，它会反复地将你拉回到传统的行为方式或者老套的防御模式之中，让你的心灵再度变得僵化和封闭，重蹈覆辙。为了维系良好的状态，人必须在自我觉察和自我维护上持续付出努力。

每个有机体都在努力寻求生存，生命永远伴随着紧张感和恐惧感。同时，人类也始终渴望真诚关系，并将努力维持它，因为它是最完整、最具活力的生活方式。作为群体中最活跃的一个，真诚关系必须付出比其他组织更多的努力，才能在变化中求生存。

除了短期真诚关系之外，还可以建立长期的真诚关系，下面，我会描述两个群体的变迁："圣·阿罗伊修斯团体"和"地下室小组"。为了清晰和完整，我将尽力展示它们构建真诚关系的过程。

真诚的关系，真心的欢笑

安东尼是个十分有远见的人，在心理学方面有很深的造

诣，获得过博士学位。在很短的时间内，他曾带领人们进行了
一系列团体精神治疗的早期实践工作。通过这些工作，他在一
定程度上体验到了真诚关系强大的治疗作用，并激发他进一步
探索的念头。

作为一个具有超凡魅力的人，安东尼很快就获得了三名追
随者。他们在伊利诺伊州东南部买下了一个小农场，建立了真
诚关系。圣·阿罗伊修斯团体诞生了。最初安东尼的追随者们
想推选他当领导。他毫不犹豫地拒绝了，并宣称在真诚关系中
每个人都是领导者。他说，任何权威架构都对真诚关系具有破
坏性。

安东尼曾明确向其他人表示过，真诚关系必须具有包容
性。因此，他们接纳了大量的流浪汉。经过与流浪汉相处，大
多数人，甚至连安东尼自己都最终承认，包容性是有限度的，
因为这些流浪汉不断向他们提出额外的要求。

"二战"时期，由于征兵，他们的团体逐渐沉寂。没有更
多的人前来，流浪汉的队伍也渐渐枯竭。

随着战争的结束，大多数退伍军人从海外以英雄的身份归
来，享受着民众的热烈欢迎，并愉快地回到安居乐业的生活状
态。但是有一小部分的年轻人，他们的心灵因战争遭受创伤，
经历了太多暴力与邪恶，他们封闭了自己的内心，需要寻求心
理治愈。或许是通过口耳相传，或许是受到心灵的指引，他们
像是被无形的磁铁吸引一般，纷纷来到伊利诺伊州这个小小的
乡村进行心理疗愈。很快，客栈人满为患。

在这个群体中，遭受战争创伤的退伍士兵，由于他们敞开心扉，真诚交往，很多人都得到了治愈，获得了精神的成长。我曾经向其中一位非常优秀的人请教，希望了解其中成功的秘诀，他转而问他 7 岁的女儿：

"你在这里，感觉哪里最好？"

她立即回答道："爸爸，在这里，大家经常笑。"

我想，在真诚关系中真心地欢笑，或许这就是群体所具有的特征之一。

只是互相关照，并不刻意治疗

一天，新泽西州的牧师彼得·萨林格正在与最后一位教区居民握手，并为结束这个略显空洞的仪式而感到高兴。这时，一个 40 岁左右的英俊男子从教堂背面的阴影中走了出来，彼得之前并没有注意到他。陌生人抓住彼得的手说道："这是一场精彩的布道，但这并非我此行的目的，我想在你方便的时候和你谈谈。"

彼得立刻对他产生了兴趣。"现在怎么样？"他问，那人点了点头，于是他们回到教堂的办公室。

"我能为你做些什么呢？"刚坐下彼得就问。

"我不确定，"陌生人说，"我叫拉尔夫·亨德森，是一名心理学家，同时也是一个基督徒，这样的组合并不常见。我在当地一家精神病医院工作，在我们的工作中似乎没有任何探讨宗教的空间，我只能将信仰作为自己的秘密，而我的妻子现在十分厌恶宗教，所以我也不能跟她谈这件事。你看起来是一位非常值得信赖的牧师。我真的不知道你能为我做什么，这听起来有些愚蠢，但我想，我对你说出这番话的主要原因是，我太孤独了。"

片刻间，他们默默地注视着对方。

"你是一个勇敢的人。"彼得说。

"很高兴听你这么说，"拉尔夫回答道，"但你为什么会这么说呢？"

"因为你是第一个勇于向我袒露内心脆弱的人，"彼得回答，"我在这里担任牧师已经三年了，这是一个很大的教区，我也被公认为优秀的牧师，但是我的教区居民从来没有跟我说过任何重要的事情，除非有人去世，但即便是那样的时刻他们也从未向我敞开心扉，我对他们的肤浅感到疲惫。你看，"彼得最后说，"我也很孤独。"

"那我们该怎么办呢？"拉尔夫问道。

"有人提到过一件事情——不过不是在这里，而是在南部，如果确实存在的话——人们称之为心理支援小组。"

"继续说呀！"拉尔夫急切地说。

"并没有更多可说的了，只是一群人聚集在一起，互相倾诉他们遇到的心理困境。我有一位牧师朋友和我一样，觉得自己与会众之间的关系十分疏远，我想他愿意加入我们。"

"但是我不是牧师。"拉尔夫说。

"这没关系，每个人在世上从事的工作，都可以视为一种修行。重点在于我们需要选择成为一个真诚的人，还是虚伪的人。"

"好吧，听你的。"拉尔夫笑了。

这就是地下室小组的起源：两位神职人员和一位心理学家，他们会选择每周的某一天晚上在拉尔夫的地下室小房间里聚会两个小时。

六个月之内，拉尔夫介绍的一位精神病学家，以及彼得认识的另一个人加入了他们。大家一致决定以三分钟的沉默作为每一次会议的开始，而以每个成员大声地说出一个简短的、衷心的祷告作为结束。除了两个小时的设定时间、开场时的冥想和结束时的祷告这几个简单的仪式之外，小组中没有任何限制性约束。任何成员无论何时都可以谈论他想说的任何事情，唯一的要求是放下一切戒备和伪装，成员们同意尽可能地袒露自己真实的一面。他们不久就意识到坦诚相待不仅要求他们谈论亲密的事情，而且要求他们能够以接纳的、不带成见的态度去聆听彼此。于是他们建立起了真诚关系。

一年的冬末，一位拉比加入了这个小组。由于这意味着它将不再仅仅是一个"基督徒"心理支援小组，成员们事先进行了一些讨论，得出的结论是这个问题似乎无关紧要。但六个月后，拉尔夫建议邀请一位无神论者同事——一个脆弱的、想要寻求真诚关系的人加入进来。当这位因为缺乏信仰而被唾弃的人加入进来的时候，情况变得更加复杂。成员们花费了连续三个晚上的时间进行争论、磨合，无神论者表示自己可以参加开场时的冥想，但不能参加结束时的祷告。他被问及是否能接受其他人的祷告，聆听他人的祈祷，并在仪式中保持沉默，他说可以接受。做出这样的妥协并不难，更基本的问题是，无神论者的加入是否意味着这个小组将不能再以一个宗教支援小组的身份存在。其他成员肯定了他们的信仰在支援活动中所占据的中心地位，并不愿意把信仰拒之门外。而无神论者承诺自己会尊重他们的信仰，正如他们尊重他的无信仰，而信徒们也不希望自己的信仰是排他性的。小组的性质被维持了下来，由于包含无神论者，它被简单地定义为一个心理支援小组。这个包容的过程并不容易。然而最终，群体的精神却更加强大了。

又过了几年，有一位女性十分渴望加入进来，秉承包容性的精神，小组顺利接纳了她。同年，两位商人也加入了进来。

后来，拉尔夫被任命为西海岸某大学心理学系主任，这样的机会令他难以拒绝。他和小组其他成员们都为他的即将告别感到悲伤，但在悲伤之中仍然有欢笑。到目前为止，这个小组每周都是在拉尔夫家地下室的小屋里开会。由于拉尔夫的离开，他们需要另外找一个地方，每个成员都愿意提供自己的家，但是，大家逐渐深刻地意识到，他们都格外喜欢在地下室开会。当他们思考为什么会发展出如此特别的倾向时，得出了三个结论。首先，拉尔夫在离开之前曾说，在梦

中，地下室通常象征潜意识的想法——潜伏在表面之下。组
内的许多人都希望呈现潜意识中的想法。其次，他们被支援
和地下室之间的比喻所打动。正如一位成员所说："这个小组
对我来说变得如此重要，有时它似乎是我生活的基础。"最
后，小组内的所有人，包括无神论者都意识到将他们联系在
一起的原因是，在现实世界中他们通常不能自由地表达真实
想法，或按照自己的意愿展示脆弱。"这就好比真正的我们总
是隐藏在地下。"另一个成员总结道。由此可以推断，他们想
要在地下见面是很自然的。

　　就这样，他们将自己称为"地下室小组"。自那时起，这
个小组一直努力在地下室里举行每周的例会。有时是在铺着地
毯的优雅小屋或游戏室里碰面。有时是挤在锅炉和热水器旁
边，头顶上方就是蒸汽管道。但无论如何，小组对在地面上聚
会已经不再予以考虑。

　　这个小组给予我们很多启迪，其一，早期成员喜欢相互
探讨，诠释彼此的生活，但后来逐渐发现，这一行为总会造
成一定程度的混沌。所有这一切本身就证明，试图治疗或转
化，通常更具有破坏性。因此小组明确提出"我们不是治疗小
组"——"我们只是，仅仅是，一个支援小组"，并告诉每一
个新成员："我们的目的只是互相关照，并不是去治愈。"但是，
与任何建立起真诚关系的群体一样，地下室小组的许多成员都
通过它获得了精神上的康复。

人为塑造敌人，最具破坏力

　　一个值得思考的现象是，那些无法建立真诚关系的人们，在遇到共同的敌人时，通常都能放下彼此之间的矛盾和分歧，同仇敌忾，精诚团结。共同的敌人，不仅指敌对势力，也包括自然灾害，比如地震。不过，当威胁消除之后，人们又会回到过去。就像墨西哥大地震时，穷人和富人自发组织起来，夜以继日地一起营救伤员并照顾无家可归者。同时，来自世界不同国家的人们纷纷向这些素昧平生的受灾者献出援助和爱心。强烈的地震让人们感受到了生命的脆弱，在脆弱中，人们自觉自愿地建立起了真诚关系，设身处地为别人着想，一同为死难者悲悼，一同为幸存者欢喜，一同劳动和受苦。但地震之后，没过几年，人们又回到了老样子。

　　面对共同的敌人，人们凭本能建立起的真诚关系并不牢靠，尤其需要警惕的是，人为塑造敌人，往往会对真诚关系造成致命性的打击，也很容易演变成乌合之众。乌合之众总是通过塑造假想敌，或者捏造虚假的威胁，利用焦虑和恐惧的心理，让人们凝聚在一起。爱，是真诚关系的本质，而恨则是乌合之众的本质。最为人所熟知的例子就是纳粹德国，那时，希特勒政权通过煽动对犹太人的仇恨，在大多数德国人之间实现了非同一般的凝聚力。但任何文明都会犯相似的错误。约翰逊总统通过伪造美国船只被袭击的"东京湾事件"，在国会赢得了高度支持。

人为塑造敌人的过程也许是所有人类行为中最具破坏性的一种。个人和群体都可能卷入其中，两者所造成的后果是相同的。虽然这一行为在一开始或许能够促进群体的团结，但实际上却是真诚关系衰败和死亡的征兆。当一个群体开始塑造敌人，排斥异己时，它就不再具有包容性，也不再具有真诚关系。它成了"我们反对他们"的乌合之众，友爱尽失。而它塑造的假想敌很快就会变成真正的敌人。"二战"期间的犹太人大屠杀不可避免地促进了军事上的犹太复国主义。人为塑造敌人，原本不存在的敌人会真的成为敌人；预言不存在的威胁，原本并不存在的威胁会被预言本身所唤起。

要维持真诚关系，每个人必须时刻保持警惕，这种警惕是针对内部力量的，而并非外部。相对于反对坏的，更应该关注于坚持好的。**这也意味着并不否认世间的恶，但要坚持守护心中的善，使其不被玷污。**如果一个曾经具有真诚关系的群体发现自己开始沉溺于塑造敌人，那么就应该认真考虑自己是否应该继续存在，或者至少应该进行一次根本性的转变。与其滋生出仇恨和毁灭的力量，不如在优良传统尚未被腐蚀之际就戛然而止。

虽然真正的真诚关系不容易实现也很难维护，但很少有人会质疑它所追求的目标：共同生活在包容和爱的关系中，彻底成为自己。

一个真正的真诚关系在面对一个被指控为恶人的成员时必须不断经历痛苦的自我拷问：这个成员被排斥究竟是因为他确实有罪，还是只是某种形式的替罪羊？同样，几乎理所当然地，国家与国家之间总会互相指责对方，在国际关系中出现替罪羊。无论是在人与人的关系，还是国与国的关系中，塑造敌人的情况比比皆是。

为了建立真正的真诚关系，指定的引领者必须尽可能少地领导和控制，以鼓励他人参与领导。她或者他在这样做的时候，必须经常承认自己的软弱无能，并承担被指控领导力缺失的风险。美国的领导人愿意承担这样的风险吗？他们愿意鼓励其他人发展领导才能吗？他们是倾向于鼓励人民对他的依赖，还是与之相反？

现在，我们知道了建立真诚关系的规则，也知道它在个人生活方面的治疗效果。如果我们能够找到一座桥梁，将这些我们已经掌握的知识与世界相连，这些规则会不会对世界产生同样的治疗效果呢？我们人类通常被认为是群居动物，被迫为了生存而彼此联系，但我们却缺乏真诚关系，还达不到真诚关系所要求具备的包容性、现实性、自我觉察、坦诚、不设防、自由、平等和爱。仅仅作为群居动物显然是不够的，在鸡尾酒会上喋喋不休，在生意和地界问题上争论不止，这样的生活往往会让我们感到孤独、焦虑和痛苦。我们的任

务——我们基本的、核心的、至关重要的任务，是去掉虚伪
的面具，化干戈为玉帛，在真诚关系中提升境界，这也是人
类实现进化的唯一途径。

不一样的鼓声

第十章

接纳不一样的鼓声，不仅是建立真诚关系的基础，

也是治疗"乌合之众"的良药。

The Different Drum

　　我用"不一样的鼓声"来比喻人与人之间的不一致，而不一致必将导致冲突。在父母与孩子之间，丈夫与妻子之间，人与人之间，有冲突是十分正常的，但如何对待冲突，则决定了双方深入心灵的深度，也决定了彼此关系的健康程度。

　　没有冲突的沟通大多数是肤浅的，无关痛痒的。在社交晚宴上，你把真实的自我隐藏起来，装扮得完美无瑕，你对每个人微笑，而每个人也对你微笑，你们愉快地交谈着，讲一些令人开心的笑话，彼此之间没有冲突，或许更准确的说法是，你们刻意隐藏了自己与别人的不一致，回避了冲突。我们需要社交，也需要彬彬有礼的交谈，但通过回避冲突所营造出来的其乐融融，毕竟是短暂的，这样的群体往往是虚伪的群体。

　　还有一种群体，是乌合之众。在乌合之众中，人人都隐藏了自己真实的个性、情感、思想和能力，每个人都随大流，表现出同质化的倾向。伴随着这种倾向，他们的才华和智慧被彻底抹平。即使是再优秀的人，加入群体后，也会变得极其愚蠢；即使是再高明的专家，一旦受困于这种集体精神，也就只有普通人的智慧和能力，只能用最为平庸而拙劣的方法来处理那些重大的事情。

　　古斯塔夫·勒庞在《乌合之众——大众心理研究》一书中说，在群体中，一旦人的自我意识消失，群体便只有很普通的品质，很普通的智慧，群体的心智水平会降至最低甚至更低。群体的叠加只是愚蠢的叠加。乌合之众没有自我意识，没有独立思考，没有独特个性，他们如同僵尸，终将在本能、传染和暗示中被人利用，并在"暴民心理"的驱使下，走向邪恶。

接纳不一样的鼓声，不仅是建立真诚关系的基础，也是治疗"乌合之众"的良药。在建立真诚关系的过程中，我们鼓励个性，接纳差异。即使令人烦恼和痛苦，我们也会敞开心扉，去接纳混沌。我们不害怕矛盾，不害怕冲突，因为矛盾和冲突能让我们避免狭隘和偏见，杀死心中的傲慢和自大。我们惊喜地发现，接纳矛盾和冲突能够撑开我们的心胸。

当我还是个孩子的时候，父母经常对我说："大人在说话，小孩别插嘴。"或者，"小孩子，不允许与父母顶嘴。"父母这样做虽然可以避免冲突，但也妨碍了我与他们进行深入的沟通。现在，官方基本上已经认可，健康的家庭实际上鼓励孩子以某种方式和父母"顶嘴"。顶嘴是一种沟通，父母可以借此弄明白孩子的意愿，孩子也能乘机了解父母的想法。

建立真诚关系，首先需要个体差异浮出水面并引起争端，有争端是一件好事，表明我们彼此是不同的。很多夫妻极力避免吵架，却不知道吵架也有其重要的意义和价值，从来不吵架的夫妻是难以想象的，举案齐眉更像是一种死板的仪式，而不是在寻求建立真诚关系。夫妻之间有分歧和争执，恰恰说明男女之间存在着很大的差异，他们在情绪的波动上，在感受事物的方式上，在思考问题的角度上，在处理事情的行为上，都是不一样的。如果我们能够通过吵架充分认识到对方的不同和差异，或许最终就可以放弃一切以自我为中心的固执和偏见，学会倾听不一样的鼓声，实现人生的超越。

权力的傲慢

1970 年夏天，出于对心理学和政治之间关系的浓厚兴趣，我前往华盛顿工作。抵达国家的首都时，我的内心很激动。光是走在那些大理石铺就的权力走廊上，就令我感到无比兴奋。我很荣幸能够在我们政府的中心地带占有一席之地。

但 27 个月后，我带着崩溃的精神离开了。在那里的最后一晚，我写了一首诗《离开华盛顿》，充分表达了我当时沮丧的心情：

地毯被掀起，清洁工
像麻木的士兵，站成编队
等待着在纸箱战场上采取行动。
普利茅斯长途运输公司明天就将拯救我们
离开这个将灵魂吸走的荒芜的大理石城镇。
枯萎的树木承载着国家信任的花朵
愤怒的黑人嘲笑着这一切。

我在这首诗的结尾写道：

我知道

如果战火必将在此重燃

我需要更好的铠甲

或者更伟大的爱。

在华盛顿期间，我承受着内心的煎熬，同时，被压垮的不止我的精神，还有我过分的骄傲。我曾自以为是，不满足于在一个大池塘里做一条不起眼的小鱼，我想改变很多东西，渴望达成某些成就。但我实在不是当领导的料，也讨厌那些官僚气息，更不愿意成为一部庞大但运转正常的机器中的一枚简单的齿轮——铁石心肠，无动于衷。

尤其令我感到窒息的是，人与人之间缺乏真诚，沟通存在很大的问题。他们告诉我："千万留心你在和谁说话，一般来说，与你下级部门的人可以无话不说。但你可千万不要向海军或空军部门的人员透露任何信息。最重要的是牢记这一点——在任何情况下，绝对不能向任何国会议员透露任何不必要的信息，因为国会是最终的敌人。"

我讨厌权力的运转方式，也对它的傲慢和冷酷心生厌恶，我渴望更深入的沟通。离开华盛顿后不久，我便开始了建立真诚关系的工作。

沟通的总体目标是，或者应该是接纳与和解。它最终有助于降低或消除误解的壁垒和障碍，正是这些误解将我们人类彼

此分开。在这里我用了"最终"一词，意味着沟通是一个艰难的过程，需要各抒己见，需要激烈的争论和争吵，有时还需要愤怒。愤怒有助于将人们的注意力集中在那些客观存在的障碍上，从而能够进一步击溃它们。不过，愤怒也是一种攻击性情绪，如果使用不当，则会制造混淆、误解、扭曲和怀疑，播撒下不信任和敌意的种子。

当人与人发生冲突时，一般有两种解决方法：一种是用威胁的手段迫使对方按照自己的意愿行动；一种是接纳对方，创造出信任、包容、完整和充满爱的关系。

精神科培训初期，在值班的第一个晚上，我被叫到急诊室去见一位士兵的妻子，她表现得非常神经质，显然已经无法再照顾自己。如果发生在一名士兵身上，问题会简单得多。作为一名军医，我有权违背任何一名士兵的意愿，强制其住院治疗，但士兵的亲属只能自愿进入我们医院。为此，他们必须签署一份表格。我向士兵的妻子解释了这一点。我告诉她，她确实需要住院，而我们有一流的医院，在那里她会得到很好的照顾，我问她是否愿意签署意向书。

答案是否定的。

我耐心地向她解释，她需要住院治疗。她的状况极端不稳定，如果她不愿意主动登记入住我们的医院，我只能拨打电话叫警察到急诊室，让警察将她带去市医院，除此之外，我别无选择。在那里，她将接受另外两名精神科医生的检查。我告诉她，我非常确信其他两位精神科医生也会认为她急需住院，然后他们会违背她的意愿强制她入住市医院。市医院的条件不好，可谓是个火坑，我问她是否愿意入住我们的医院。

答案依然是否定的。

在接下来的三个小时里，我一直与这位女士讲道理，鼓励她做出明智的决定。她不时拿起笔，看上去像是要在表格上签字，却一次又一次地将笔放下。有几次，她甚至已经开始写她名字的第一个字母，但随后又搁下了笔。最后，在凌晨两点的时候，我放弃了。我筋疲力尽、无助而充满挫败感，我拿起电话，打电话给警察，并告诉他们这位患者的情况。在我请求警察前来急诊室的过程中，患者突然拿起笔说道："好吧，我签。"并且照做了。

10 天后，在接下来的一次急诊室值班过程中，这个场景被重复上演了一遍，甚至精确到每一个细节。唯一不同的是，她是另一位士兵的妻子。像上回一样，我耐心地和她讲道理，从晚上 11 点直到凌晨两点。像上回一样，笔被反反复复地拿起又放下。像上回一样，凌晨两点我终于打电话给警察，并且在我与警察通话的过程中，患者签了名。

第三次遇到类似患者的时候，我以不同的方式进行了处理。我的想法是相同的，但我把留给她做出决定的时间严格限定在 3 分钟内。我对她说："如果你 3 分钟之内无法做出决定并在表格上签字，我会打电话给警察。"3 分钟后，当她还没有签署表格时，我给警察打了电话，而在我与警察通话的过程中，患者签署了意向书。以前需要 3 个小时才能完成的工作，这回只用了 20 分钟，效率却提高了 10 倍。

不过，虽然面临冲突时，使用威胁和武力的确能够做到立竿见影，但有一个前提，武力所针对的对象应该是那些思想动荡不安，情绪和行为容易失控的人，如果不对他们使用强硬一些的手段，往往会给他们自己和别人带来危险。在上面的故事中，我之所以诉诸警察，是因为对方都有心理疾病，必须住院治疗，最重要的一点是我的诊断也是准确无误的。倘若我的诊断有误，又采取了强迫的手段，那就是在滥用权力，我的行为就会变得邪恶。所以，当我想强迫别人去做某件事情的时候，必须要看对方的情况，并弄明白自己行为的正确性，避免狭隘与偏见，骄傲与自大。

有一句谚语："骄傲在跌倒之前。"

骄傲有它自己的作息表。某些时刻，某些场合，骄傲不仅是正常的，而且是必要的，它会给我们带来自信。但有些时候对个人和团体而言，它是病态的，具有破坏性的。

自信是我们心理层面的生存本能，没有它，我们就无法生存。然而，如果始终以自我为中心，肆无忌惮压制别人，就变成了心理学家埃里克·弗罗姆所说的"恶性自恋"，它是个人和群体变得邪恶的前兆。

"权力的傲慢"就是一种恶性自恋，如同大多数偏见一样，它本身是无意识的，却常常制造出邪恶。

无知的山谷

房龙在《宽容》一书中，描绘了一个"无知山谷"——

在宁静的无知山谷里，人们过着幸福的生活。

永恒的山脉向东南西北各个方向蜿蜒绵亘。

知识的小溪沿着深邃破败的溪谷缓缓地流着。

它发源于昔日的荒山。

它消失在未来的沼泽。

……

在无知的山谷里，古老的东西总是受到尊敬。

谁否认祖先的智慧，谁就会遭到正人君子的冷落。

所以，大家都和睦相处。

房龙所谓的"无知山谷"，是一个固执己见，墨守成规，害怕改变的地方。这里所呈现出来的和睦和幸福，并非源自包容性，而是因为消灭了一个又一个异己分子——"漫游者"。"漫游者"号召人们走出无知山谷，去寻找一个新世界的绿色牧场，但是对于守旧老人来说，他的号召犹如不一样的鼓声，会让人们产生分歧和争执。为了避免人心浮动，掌握权力的守旧老人煽动起人们的"暴民心理"，以消灭对方生命的方式消除了分歧——

人们举起了沉重的石块。

人们杀死了这个漫游者。

人们把他的尸体扔到山崖下，借以警告敢于怀疑祖先智慧的人，杀一儆百。

用强硬的手段屏蔽了不一样的鼓声，剩下来的人们虽然"在一起"，却成为一群乌合之众，在表面的团结中隐藏着深刻的危机。

就这样，当无知山谷中的人们听着单调乏味的鼓声，唱着老掉牙的歌儿，却不知危险即将来临。

房龙写道："没过多久，爆发了一次特大干旱。潺潺的知识小溪枯竭了，牲畜因干渴死去。粮食在田野里枯萎，无知山谷里饥声遍野。"

到这时，人们才想起了那个漫游者，那个曾经发出过不一样的鼓声的人，不禁叹息："他想救我们，我们反倒杀死了他。"

信任的力量

在人与人的关系中，信任非常重要。缺乏信任，彼此心存戒备，就不可能真正了解对方，只能激化矛头和冲突。

在我开始接受培训的前一年，有一家精神病医院习惯对离开餐厅的患者进行搜查，目的是看他们是否私藏了刀叉，或者其他具有潜在破坏性的餐具。尽管搜查严密，还是有漏网之鱼，每周都会发现十几把餐刀，而每周也会有人使用这些餐具在病房内打斗两次。该政策似乎并没有很好地发挥作用。

工作人员决定进行一次大胆的实验。他们想知道如果不再搜查患者，而是只在他们进来用餐之前和等他们离开后统计餐具数量，会发生什么？他们勇敢地尝试了这种信任上的实验性飞跃。到月底，失踪餐具的数量已经下降到每周一件。截至当季末，患者在病房里使用此类餐具打斗的次数下降到平均每月不到一次。

多年以来，这一类的实验在全美国乃至全世界的精神病医院里被反复验证，结果总是一样的，一次又一次，从未失败。这一实验再一次证明了心理学上的一个概念——"自证预言"。如果你足够长时间地、费尽心力地预言一个人会以某种方式行事，他或她就会以这种方式行事。例如，一位糟糕的母亲天天骂女儿行为不检点，担心她长大后会变成妓女，那么她长大之后，很可能真的就成了妓女。母亲认为自己的预言很准确，却不知道，正是她恶劣的教育方式和心理暗示，毁灭了女儿的人生。同样，长时间把人们当成暴民来对待，几乎可以肯定他们真的会变成暴民。

　　信任，意味着包容。我们信任一个人，首先需要包容他与我们的不一致，倾听他所发出来的不一样的鼓声。没有包容，就不可能有信任。信任的反面是质疑，包容的反面是排斥。质疑和排斥会让人感到孤独、焦虑、紧张和恐惧，在这些黑暗力量的驱使下，人会失去理智，变得疯狂，从而导致人与人之间关系的扭曲。相反，信任和包容则能消除人们内心的焦虑和不安，创造出一个宽松、和谐、安全，并充满爱的环境。在这样的环境中，人们可以放下防备心理，袒露真情和真心，与别人建立起真诚关系。

接纳即治愈

　　在一世纪的巴勒斯坦地区，有一个流传很广的故事。

　　一位女人患了 12 年的血漏，她的行经并非每月一次，而是永不休止。根据当时的戒律，女人在每月行经期间，自来潮的第一天起，往后共 7 天都被认定是"不洁净"的。不管什么地方，只要被她坐过或躺过，也被定为不洁——甚至谁若触碰了她所坐所躺的地方，他们也就不洁净了，会被要求进行沐浴仪式。

对周围的所有人来说，每个正在行经的女性都是危险人物。根据戒律，在经期结束后，她不洁净的状态还会持续到第八天，直至向祭司献上两只斑鸠或者鸽子作为祭品，她才算是洁净了。

当时女性的生活十分艰难，她们都生活在庞杂的大家庭里，跻身于逼仄的小房间中，没有私人空间和隐私可言。好几代女性会一同劳作，在拂晓之前便开始为整个家庭准备饭食。女人们一面劳作，一面交流——在这段建立关系的时间里，她们会畅谈生活，交流情感，共同憧憬——但行经的女人却不在此列。当其他女性都相聚在一起劳作的时候，她却只有孤独作陪。

可以想象，这位长期月经不调的女性不仅承受了生理上的痛苦，更承受了巨大的心理上的痛苦。由于她来的不是"月经"，而是"日经"，所以，你能想象她失血那么多，身体得有多虚弱吗？能想象她身上弥漫的气味吗？能想象永无止境的洗涤、更衣和与世隔绝吗？当时还没有卫生巾和厕所淋浴，室内也没有冲洗经血的自来水，没有清理污秽麻布的洗衣机和烘干机，但这就是她日常生活里每分每秒所要面对的困扰。更重要的是，她在心理上还要承受别人的嫌弃和冷落，忍受巨大的羞耻和孤独，在别人面前抬不起头来。这种情况持续了 12 年，她找过很多医生，花尽了她的所有，仍然不见好转，病势反倒更重了。

一天，一位行医布道的圣人来到她所居住的村庄，她听说这位圣人能使盲人重见光明，使跛子迈步走路。圣人的到来让她看见了希望，她想："我只要靠近这位圣人，摸他的衣裳，我的疾病就能被治愈。"

然而，伴随希望而来的还有沮丧与无助。她只身一人坐在屋里，独自承受着永无止境的不洁，想到依据戒律，自己是被严令禁止到人群中去的，这使她绝望之极。她想："要是我能够触碰到他就好了，他已经治愈了其他人，也一定能够治愈我。可接近他的话，我就触犯了戒律，有可能遭受更大的羞耻与谴责，比我现在经受的有过之而无不及。"

但是，对自由的憧憬给了她强大的动力，为了治好病，她决定就算带着"不洁净"的身子违背戒律，触犯众怒，也要孤注一掷去试一试。

她开始酝酿一个计划，怎样才能从家里偷偷溜出去；怎样才能躲避开人们的视线，穿梭在拥挤的人潮中，一步步接近圣人；在摸到圣人的衣服后，如何才能神不知鬼不觉地离开。

这位不洁的血流不止的污秽的女人开始了自己的计划。

这么多年来，她好不容易来到人群中，既兴奋又恐惧，她看见圣人被人群簇拥着缓缓朝这边走来，她冒着极大的危险挤了过去，穿过人群，触摸到圣人的繸子——在外衣底角缝边，又在底边上添置一根蓝色细带。对一个男人来说，繸子既重要又特别，是男人最私密的地方，只有家里的亲人可以触碰一个男人的繸子。若是外人触碰了一个男人外衣上的繸子，定会叫人无比震惊。

圣人感觉到自己的繸子被人触碰，突然停下步伐，转过身问道："谁摸了我的衣裳？"

众目睽睽之下，人们发现了她。

这个绝望的女人感到大祸临头，她玷污了圣人，不仅自己、家庭和所有亲戚会因此而蒙羞，还会牵连左邻右舍。12年来，她承受着不洁带来的孤立和羞耻，而现在她可能因为曝光在众人之中而被诅咒，为整个族群带来耻辱，遭人唾弃。

她如同一个罪犯一样暴露了自己，在恐惧和战栗中，她匍匐在圣人跟前，将实情全告诉了他。然后，等待着惩罚的降临。

接着，令人意想不到的事发生了，就算是做梦，她也不可能预见到。圣人可以有那么多话可以说，但他却选择了一个词：

"女儿。"

记住，只有一个男人的直系亲属，才可以做出像是触碰繸子这样的亲密举动。但就这一个词，圣人便免去了她身上的所有责罚。

圣人对她说："女儿，你的真诚救了你，平平安安回去吧，你的疾病一定会痊愈的。"

女儿！多么叫人惊叹啊！

长期以来，这个女人都被人排斥，感受到的只有孤独和羞耻，从来没有感受到被人接纳的滋味。换言之，她承受着巨大的心理压力，而这些压力最终又通过生理疾病表现了出来。圣人用"女儿"一词明确表示，他接纳了她，并将她视为家人，与她建立了亲密而真诚的关系。在这种真诚关系中，她获得了一个新身份，不仅化解了精神上的孤独、焦虑和羞愧，而且随着心理压力的消失，她的疾病也不治而愈。

这个故事生动说明，接纳即治愈。

在一段真诚的关系中，如果你被彻底接纳，就意味着你将彻底被治愈。

实际上，我之所以努力建立真诚关系，就是希望营造一种人人都可以被接纳的场景，置身其中，我们接纳触碰我们的人，我们接纳与我们不一样的人。我们在接纳别人的同时，也被别人接纳。在接纳与被接纳的过程中，我们一起欢笑，一起哭泣，相互拥抱，放弃了顽强的"孤狼"习性，放弃了以自我为中心的偏见和狭隘，敞开了心的大门，于是精神开始成长，人格走向完整，最终逐渐成为真实的自己。

《少有人走的路：心智成熟的旅程》（白金升级版）
[美]M. 斯科特·派克 著

全球畅销3000万册！凤凰卫视、《新京报》、《广州日报》、中央人民广播电台《冬吴相对论》等媒体强力推荐！或许在我们这一代，没有任何一本书能像《少有人走的路》这样，给我们的心灵和精神带来如此巨大的冲击。本书在《纽约时报》畅销书榜单上停驻了近20年的时间，创造了出版史上的一大奇迹。

《少有人走的路2：勇敢地面对谎言》（白金升级版）
[美]M. 斯科特·派克 著

在逃避问题和痛苦的过程中，人会颠倒是非，混淆黑白，变得疯狂和邪恶。所以，邪恶是由颠倒是非的谎言产生的。勇敢地面对谎言，就是要让我们勇敢地面对真相，不逃避自己的问题，承受应该承受的痛苦，承担应该承担的责任。唯有如此，我们的心灵才会成长，心智才能成熟。

《少有人走的路 3：与心灵对话》（白金升级版）
[美]M. 斯科特·派克 著

每个人都必须走自己的路。生活中没有自助手册，没有公式，没有现成的答案，某个人的正确之路，对另一个人却可能是错误的。人生错综复杂，我们应为生活的神奇和丰富而欢喜，而不应为人生的变化而沮丧。生活是什么？生活是在你已经规划好的事情之外所发生的一切。所以，我们应该对变化充满感激！

《少有人走的路 4：在焦虑的年代获得精神的成长》
[美]M. 斯科特·派克 著

在《少有人走的路：心智成熟的旅程》中，作者强调的是"人生苦难重重"；在《少有人走的路2：勇敢地面对谎言》中，则说的是"谎言是邪恶的根源"；在《少有人走的路3：与心灵对话》中，作者又补充道"人生错综复杂"；而在这本书中，作者想进一步说明"人生没有简单的答案"。

《少有人走的路5：不一样的鼓声（修订本）》
[美]M.斯科特·派克 著

在《少有人走的路5：不一样的鼓声》中，斯科特·派克一针见血地指出，如果一个群体不能接纳彼此的差异和不同，不能聆听不一样的鼓声，那么人与人之间就不敢吐露心声，很难建立起真诚的关系。
不真诚的关系是心理疾病的温床，而真诚关系则具有强大的治愈力。

《少有人走的路6：真诚是生命的药》
[美]M.斯科特·派克 著

作为享誉全球的心理医生，派克在本书中，以贴近生活的故事，展现了真诚对人类产生的巨大作用。书中涉及家庭教育、婚姻关系、职业等多个方面。阅读这本书，能帮助我们学会运用真诚的力量，也将为我们的认知带来重大改变。

《少有人走的路7：靠窗的床》
[美]M.斯科特·派克 著

本书是心理学大师斯科特·派克的一次伟大尝试，他将亲历过的经典案例，变成一个个特点鲜明的人物，并借由一桩凶杀案，让人性的不同侧面在同一空间下彼此碰撞，最终形成了精彩纷呈的心理群像。这是一部惊心动魄的小说，更是一本打破常规的心理学著作。

《少有人走的路8：寻找石头》
[美]M.斯科特·派克 著

心理学大师斯科特和妻子克服重重困难，在英国展开了一场发现之旅。他们一边破解着史前巨石的秘密，一边进行着心灵的朝圣，斯科特深情回顾了自己的一生，并以其特有的心理学视角，深入解读了关于金钱、婚姻、子女、信仰、健康与死亡等重要命题，给读者提供了审视世界的全新思路。